清华大学土木工程系　组织编写

丛书主编／崔京浩

简明土木工程新技术专题丛书

城市污水处理与回用技术

李敏　肖羽堂　宗刚　编著

U0291625

中国水利水电出版社

www.waterpub.com.cn

内 容 提 要

　　本书针对当前我国水资源短缺和水污染严重的形势，以可持续发展的思想，讨论了城市污水、污水再生与回用涉及的许多问题。全书共分 11 章，介绍了城市污水的来源及特性、城市污水的预处理、生物处理、污水的脱氮除磷、污水深度处理、污泥的处理与处置、城市污水回用、中水回用、自动控制、城市污水处理工程调试与运行管理、城市污水处理优化组合工艺及工程设计典型实例等内容。

　　本书适用于城市污水处理与回用的工程技术人员、科研设计人员、管理人员以及高等院校相关专业的师生。

图书在版编目（ＣＩＰ）数据

　　城市污水处理与回用技术 / 李敏，肖羽堂，宗刚编著. -- 北京 : 中国水利水电出版社，2012.8
　　（简明土木工程新技术专题丛书）
　　ISBN 978-7-5170-0097-6

　　Ⅰ. ①城… Ⅱ. ①李… ②肖… ③宗… Ⅲ. ①城市污水－污水处理②城市污水－废水综合利用 Ⅳ. ①X703

　　中国版本图书馆CIP数据核字(2012)第198436号

书　　名	简明土木工程新技术专题丛书 **城市污水处理与回用技术** 清华大学土木工程系　组织编写
作　　者	丛书主编　崔京浩 李敏　肖羽堂　宗刚　编著
出版发行	中国水利水电出版社 （北京市海淀区玉渊潭南路 1 号 D 座　100038） 网址：www.waterpub.com.cn E-mail：sales@waterpub.com.cn 电话：(010) 68367658（发行部）
经　　售	北京科水图书销售中心（零售） 电话：(010) 88383994、63202643、68545874 全国各地新华书店和相关出版物销售网点
排　　版	中国水利水电出版社微机排版中心
印　　刷	北京嘉恒彩色印刷有限责任公司
规　　格	145mm×210mm　32 开本　9.625 印张　259 千字
版　　次	2012 年 8 月第 1 版　2012 年 8 月第 1 次印刷
印　　数	0001—3000 册
定　　价	**20.00 元**

　　国务院学位委员会在学科简介中为土木工程所下的定义是："土木工程（Civil Engineering）是建造各类工程设施的科学技术的统称。它既指工程建设的对象，即建造在地上、地下、水中的各种工程设施，也指所应用的材料、设备和所进行的勘测、设计、施工、保养、维修等专业技术"。土木工程是一个专业覆盖面极广的一级学科。

　　英语中"Civil"一词的意义是民间的和民用的。"Civil Engineering"一词最初是对应于军事工程（Military Engineering）而诞生的，它是指除了服务于战争设施以外的一切为了生活和生产所需要的民用工程设施的总称，后来这个界定就不那么明确了。按照学科划分，地下防护工程、航天发射塔井、通讯线路敷设等也都属于土木工程的范畴。

　　土木工程是国家的基础产业和支柱产业，是开发和吸纳我国劳动力资源的一个重要平台，由于它投入大、带动的行业多，对国民经济的消长具有举足轻重的作用。改革开放后，我国国民经济持续增长，土建行业的贡献率达到1/3；多年来，我国固定资产的投入接近甚至超过GDP总量的50%，其中绝大多数都与土建行业有关。随着城市化的发展，这一趋势还将继续呈现增长的势头。

　　相对于机械工程等传统学科而言，土木工程诞生得更早，其发展及演变历史更为古老。同时，它又是一个生命力极强的学科，它强大的生命力源于人类生活乃至生存对它的依赖，可以毫不夸张地说，只要有人类存在，土木工程就有着强大的社会需求和广阔的发展空间。

随着技术的进步和时代的发展，土木工程不断注入新鲜血液，呈现出勃勃生机。其中工程材料的发展和力学理论的进步起着最为重要的推动作用。现代土木工程早已不是传统意义上的砖、瓦、灰、砂、石，而是由新理论、新技术、新材料、新工艺、新方法武装起来的为众多领域和行业不可或缺的大型综合性学科，一个古老而又年轻的学科。

综上所述，土木工程是一个历史悠久、生命力强、投入巨大、对国民经济具有拉动作用、专业覆盖面和行业涉及面极广的一级学科和大型综合性产业，为它编写一套集新颖性、实用性和科学性为一体的"简明专题系列"，既是社会的召唤和需求，也是我们的责任和义务。

清华大学土木工程系是清华大学建校后成立最早的科系之一，历史悠久，实力也比较雄厚，有较强的社会影响和较广泛的社会联系，组编一套"简明土木工程新技术专题丛书"，既是应尽的责任也是一份贡献，但面对土木工程这样一个覆盖面极广的一级学科，我们组编实际起两个作用：其一是组织工作，组织广大兄弟院校及设计施工部门的专家和学者们编写；其二是保证质量的作用，我们有一个较为完善的专家库，必要时请专家审阅、定稿。

简明土木工程新技术专题丛书包括以下几层含义："简明"，就是避免不必要的理论证明和繁琐的公式推导，采用简洁明快的表述方法，图文并茂，深入浅出，浅显易懂；"专题"，就是以某个特定内容编辑成册的图书，每本书的内容可以是某种结构的分析与计算，某个设计施工方法，一种安装工艺流程，某种监测判定手段，以及高科技行业基础性建设中的某些非传统性的土木工程业务，如核电站建设、高压输电网塔架以及海上采油平台钢结构等等，均可设定专题独立成册；"丛书"，指不是一本书而是一套书，这套书力争囊括土木工程涵盖的各个次级学科和专业，特别是与现代高科技有关的基础性建设。

这套丛书不称其为"手册"而命名为"专题丛书"，原因之一是一些特定专题不易用手册的方法编写；原因之二是传统的手册往往"大而全"，书厚且涉及的技术领域多，而任何一个工程技术人员在某一个阶段所从事的具体工作又是针对性很强的，将几个专业甚至一个项目的某个阶段集中在一本"大而全"的手册势必造成携带、查阅上的不方便，加之图书的成本过高，编写机构臃肿，组织协调困难，出书及再版周期过长，以致很难反映现代技术飞速发展、标准规范规程更新速度太快的现实。考虑到这些弊端，这套丛书采用小开本，在选题上尽量划分得细一些，视专业、行业、工种甚至流程的不同，能独立成册的绝不合二为一，每本书原则上只讨论一个专题，根据专题的性质和特点有的书名根据有关专业人员的建议仍可冠以"手册"两字。

这套专题丛书的编写严格贯彻"新颖性、实用性、科学性"三大原则。

新颖性，就是充分反映有关新标准、新规程、新规范、新理论、新技术、新材料、新工艺、新方法，老的、过时的、已退出市场的一律不要。体现强劲的时代风貌。

实用性，就是避免不必要的说理和冗长的论述，尽可能从实用的角度用简洁的语言以及数据、表格、曲线图形来表述；深入浅出，让人一看就懂，一懂能用；不是手册，胜似手册。

科学性，就是编写内容均有出处，参考文献除国家标准、行业标准、地方标准必须列出以外，尚包括引用的论文、专著、手册及教科书。

这套专题丛书的读者对象是比较宽泛的，它包括大专院校师生，土木工程领域的管理、设计、施工人员，以及具有一定阅读能力的建筑工人。它既可作为土建技术人员随身携带及时查阅的手册，又可选作大专院校、高职高专的教材及专题性教辅材料。

崔京浩 于清华园

2012 年 3 月

崔京浩，男，山东淄博人。清华大学结构力学研究生毕业，改革开放后赴挪威皇家科学技术委员会做博士后，从事围岩应力分析的研究。先后发表论文 180 多篇，出版 8 本专著（其中有与他人合著者），参加并组织编写巨著《中国土木工程指南》，任副主编兼编辑办公室主任，并为该书撰写绪论；主持编写由清华大学土木工程系组编的"土木工程新技术丛书"和"简明土木工程系列专辑"，并任主编。先后任清华大学土木系副系主任、学术委员会副主任、消防协会常务理事、中国力学学会理事，《工程力学》学报主编，享受国务院特殊津贴。

前言

我国水资源短缺、水体污染严重。近几年来快速的经济发展带来了更加严重的水污染问题，城市污水深度处理与回用是解决此问题的重要途径之一。2010 年，全国废污水排放总量达到 750 亿 t，河流水质不达标率近 40%，水资源已经成为制约社会和经济发展的重要因素之一，如何扭转水环境污染现状并高效利用各类水资源是解决水问题的关键。目前，我国大多城市的污水集中处理率达到 90% 以上，部分城市已达到 95% 以上，城市污水深度处理与回用也受到越来越广泛的关注。

本书是由清华大学土木工程系组编的"简明土木工程系列专辑"中的一本。本书系统介绍了城市污水的处理与回用技术，全书共分为 11 章，内容涉及城市污水的来源性质、污水预处理方法、生物处理方法、城市污水的脱氮除磷、深度处理、污泥的处理与处置、城市污水回用技术、污水处理系统的自动控制、污水处理工程的调试和运行管理，以及城市污水处理的优化组合工艺和工程实例。本书旨在为设计人员提供目前我国常用的污水处理工艺的设计参数及设计计算方法，为施工、管理人员提供污水处理设施调试及运行过程中需关注的和常出现的问题及其解决方案。本书以实用为目标，全书注重设计计算、运行管理和工程实例，一些基本概念和基本理论在本书中没有加以详细介绍。

本书力求为工程设计、施工和管理人员提供一本有实际参考价值且行之有效的简易参考书。本书也可作为高等院校环境工程专业和给水排水专业本科生的参考书，为学生进行相关的水处理课程设计和毕业设计提供有用信息。

参加本书编写的有北京林业大学李敏，华南师范大学肖羽堂，西安工程大学宗刚，西安高新产业开发区环境监测中心陈瑞芬。博士生张晶、硕士生刘双、宫存鹏、汪媛、曹琪、魏祥甲、杨航、李定津、刘晶晶也参与了本书的编写工作。

感谢中国水利水电出版社阳淼女士、董拯民先生的得力策划和刘佳宜女士的认真编辑，他们出色的工作使本书得以顺利出版。

水科技与工程产业是一项朝阳产业，正处于蓬勃发展的时期，因此，污水处理技术及先进设备的开发和应用更是日新月异，加之时间仓促和作者水平不足等原因，书中难免有错误和不当之处，敬请广大读者批评指正。

作者

2012 年 4 月于北京

目　录

第1章 总 论

1.1 城市污水的来源及特性

1.1.1 城市污水的来源

城市污水是指由城市排水系统收集的生活污水、工业污水和一部分城市地表径流（雨、雪水），是一种混合污水。

生活污水主要来自家庭（粪便污水，洗浴、洗涤、厨用等污水）、公共建筑场所（商业、机关、学校等产生的污水）和医院经消毒等预处理后的污水。生活污水含纤维素、淀粉、糖类、脂肪、蛋白质等有机物质，还含有氮、磷、硫等无机盐类及泥沙等杂质，生活污水中还含有多种微生物及多种病原体。

工业污水来自于工矿企业的生产过程，可分为生产污水、厂区生活污水和露天设备厂区初期雨水。生产污水是工业污水的主要组成部分，它包括：工艺外排水、设备冲洗水、地坪冲洗水等。此外，工矿企业排放的间接冷却水是一种污染程度低的工业废水，一般不需处理或只需进行简单处理，是较好的回用水源。

城市地表径流是由雨、雪降至地面所形成的，其中含有淋洗大气及冲洗构筑物、地面、废渣、垃圾所携带的各种污染物。这种污水的水质、水量随季节和时间变化，成分较复杂，有些地区在降水初期的雨、雪水所含污染物浓度甚至比生活污水高。某些工业废渣或城市垃圾堆放场地经雨水冲淋后产生的污水往往更具危险性。

1.1.2 城市污水的特性

城市污水水质主要显示生活污水的特征（表1.1），但在不同下水道系统中，由于不同性质和规模的工业排污，又受工业污水水质的影响。

表 1.1 典型的生活污水水质特征

序号	指标	浓度（mg/L）		
		高	中	低
1	总固体 TS	1200	720	350
2	溶解性总固体 DTS	850	500	250
3	非挥发性	525	300	145
4	挥发性	325	200	105
5	悬浮物 SS	350	220	100
6	非挥发性	75	55	20
7	挥发性	275	165	80
8	可沉降物	20	10	5
9	生化需氧量 BOD_5	400	200	100
10	溶解性	200	100	50
11	悬浮性	200	100	50
12	总有机碳 TOC	290	160	80
13	化学需氧量 COD	1000	400	250
14	溶解性	400	150	100
15	悬浮性	600	250	150
16	可生物降解部分	750	300	200
17	溶解性	375	150	100
18	悬浮性	375	150	100
19	总氮 TN	85	40	20
20	有机氮	35	15	8
21	游离氮	50	25	12
22	亚硝酸盐	0	0	0
23	硝酸盐	0	0	0
24	总磷 TP	15	8	4

续表

序号	指 标	浓度（mg/L）		
		高	中	低
25	有机磷	5	3	1
26	无机磷	10	5	3
27	氯化物 Cl^-	200	100	60
28	碱度 $CaCO_3$	200	100	50
29	油脂	150	100	50
30	硫酸盐 SO_4^{2-}	50	30	20
31	总大肠菌（个/100mL）	$10^8 \sim 10^9$	$10^7 \sim 10^8$	$10^6 \sim 10^7$
32	挥发性有机化合物 VOC_s（$\mu g/L$）	>400	$400 \sim 100$	<100

1.2   城市污水处理技术概述

目前，城市污水处理工艺仍在应用的有一级处理、二级处理、深度处理，但国内外最普遍流行的是以传统活性污泥法为核心的二级处理。国内最近几年应用较多的有 AB 法、A_2/O 工艺、SBR 工艺、氧化沟工艺。现就这些新型工艺概述如下。

1.2.1   AB法工艺

AB 法工艺由德国 BOHUKE 教授首先开发。该工艺将曝气池分为高低负荷两段，各有独立的沉淀和污泥回流系统。高负荷段（A 段）停留时间约 $20 \sim 40min$，以生物絮凝吸附作用为主，同时发生不完全氧化反应，生物主要为短世代的细菌群落，去除 BOD 达 50% 以上。B 段与常规活性污泥法相似，负荷较低，泥龄较长。AB 法 A 段效率很高，并有较强的缓冲能力。B 段起到出水把关作用，处理稳定性较好。对于高浓度的污水处理，AB 法具有很好的适用性，并有较高的节能效益。但是，AB 法污泥产量较大，A 段污泥有机物含量极高，污泥后续稳定化处理是必需的，将增加一定的投资和费用。另外，由于 A 段去除了较多的 BOD，可能造成碳源不足，难以实现脱氮工艺。目前国内成功运行的并不多见。总体而言，AB 法工艺较适合于污水浓度高、具有污泥消化等后续处理设施的大中规模的城市污水处理厂，有明显的节能效果。对于有脱氮要求的城市污水处理厂，一般不宜采用。

1.2.2 A₂/O 工艺

对于有除磷脱氮要求的城市污水处理厂，传统上往往考虑首选 A_2/O 工艺。A_2/O 工艺根据活性污泥微生物在完成硝化、反硝化以及生物除磷过程对环境条件要求的不同，在不同的池子区域分别设置厌氧区、缺氧区和好氧区。A_2/O 工艺应用较为广泛，历史较长，已积累有一定的设计和运行经验，通过精心的控制和调节，一般可以获得较好的除磷脱氮效果，出水水质较稳定，在国内外大中型城市污水处理厂常有采用。但 A_2/O 工艺也有一定的缺点，主要表现为：需分别设置污泥回流系统和内回流系统，尤其是内回流系统，其设计回流比往往在 200%～300% 左右或更大，这将增加投资和运行能耗。而且内回流的控制较复杂，对管理的要求较高。针对上述不足，改良的 A_2/O 工艺、UCT 工艺、倒置的 A_2/O 工艺及多点进水的 A_2/O 工艺等不断出现，在一定程度上或在某一方面使运行效果有所改善。

1.2.3 改良的 SBR 类工艺

SBR 工艺早在 20 世纪初已有应用，此法集进水、曝气、沉淀、出水（滗水）、闲置功能在一个池子中完成。一般由多个池子构成一组，各池工作状态轮流变换运行，单池由滗水器间歇出水，故又称为序批式活性污泥法。该工艺将传统的曝气池、沉淀池由空间上的分布改为时间上的分布，形成一体化的集约构筑物，并利于实现紧凑的模块布置，最大的优点是节省占地。另外，可以减少污泥回流量，有节能效果。典型的 SBR 工艺沉淀时停止进水，静止沉淀可以获得较高的沉淀效率和较好的水质。SBR 经过不断演变和改良，又产生或同期发展为 CASS 和 CAST

等工艺，进一步增强了除磷脱氮效果。随着自动化技术的发展和 PLC 控制系统的普及化，SBR 类工艺的工程应用又进入了一个新的时代。但是，SBR 类工艺毕竟对自动化控制要求很高，并需要大量的电控阀门和机械撇水器，稍有故障将不能运行，一般须引进部分关键设备。由于一池有多种功能，相关设备在一段时间内不得已而闲置，曝气头的数量和鼓风机装机功率必须增大。另外，由于撇水深度通常有 1.2～2m 出水的水位必须按最低撇水水位设计，加之撇水器本身水头损失较高，故总的提升扬程较其他工艺要高，水力能耗略有增加。对于中小规模、可以引进部分关键设备、具有一定管理水平的城市污水处理厂，改良的 SBR 不失为一种优选工艺，可以发挥节省用地、提高出水水质指标的优势。

1.2.4 生物曝气过滤工艺

生物曝气过滤工艺是一生物过滤池，内设特制的微生物附着生长必需的颗粒性滤料。为达到生物氧化有机物和氨氮的目的，滤池需进行曝气。一般地，生物曝气过滤工艺主要用于生物处理出水的进一步硝化，去除生物处理出水中残余的氨氮，以满足更高的氨氮去除要求。近几年，出现了在城市污水处理厂中将生物曝气过滤工艺直接作为生物处理段对原污水进行生化处理和硝化和反硝化的实例。生物曝气过滤工艺布置十分紧凑、占地面积约为常规工艺的十分之一，这一优点十分令人瞩目。我国大连市已经率先采用这一工艺，处理规模为 12 万 m^3/d。

1.2.5 UNITANK 工艺

UNITANK 工艺一般由一矩形池子组成，内分三格，三格在水力上是连通的。池子外侧两格即第一格和第三格交替作为曝气池和沉淀池，第二格始终作为曝气池。在每一格池子中设置曝气装置，可以为表面曝气设备，也可以是鼓风曝气系统。在第一格和第三格中另需设置周边出水堰（所需堰长如同传统二沉池）。由于受池子沉淀功能（即需要一定的池子表面积）的制约，一般一组 UNITANK 工艺的处理能力在 2 万 m^3/d 左右。UNITANK 工艺采用矩形池形式，不需另设沉淀池，故布置紧凑，节省占地。在设备方面，省去了刮泥桥和污泥回流系统，采用固定堰槽出水，避免了撇水器造成的水位损失和机械故障。采用微孔曝气时有一定的节能效果。因此，UNITANK 作为一种新工艺在国内开始推广应用。如，上海石洞口污水处理厂（40 万 m^3/d）、石家庄开发区污水处理厂（8 万 m^3/d）等均采用这一工艺。

1.2.6 卡鲁塞尔氧化沟工艺

卡鲁塞尔氧化沟是一种单沟式环形氧化沟，在氧化沟的顶端设有垂直表面曝气机，兼有供氧和推流搅拌作用。污水在沟道内转折巡回流动，处于完全混合形态，有机物不断氧化得以去除。该氧化沟一般设有独立的沉淀池和污泥回流系统。卡鲁塞尔氧化沟具备一般氧化沟的共同优点，工艺流程简单，抗冲击负荷能力较强，出水水质较稳定；其独特之处在于：单台曝气设备功率大，数量较少，投资较省，维护点相对较少。目前我国的中山、淮南、黄岩等城市及北京顺义区均采用这一工艺，规模在 8 万 m^3/d 左右。

1.2.7 奥贝尔氧化沟工艺

奥贝尔氧化沟由 3 个相对独立的同心椭圆形沟道组成，污水由外沟道进入沟内，然后依次进入中间沟道和内沟道，最后经中心岛流出，至二次沉淀池。3 个环形沟道相对独立，溶解氧分别控制在 0、1mg/L、2mg/L，其中外沟道容积达 50%～60%，处于低溶解氧状态，大部分有机物和氨氮在外沟道氧化和去除。内沟道体积约为 10%～20%，维持较高的溶解氧（2mg/L），为出水把关。在各沟道横跨安装有不同数量转碟曝气机，进行供氧兼有较强的推流搅拌作用。奥贝尔氧化沟除具备一般氧化沟的优点：流程简单、抗冲击负荷能力强、出水水质稳定、易于维护管理外，还具有节能省电、具有较好的脱氮功能，而且在实际运行中有更多的灵活性和适应性。目前，全国已有 20 余座城市污水处理厂采用了奥贝尔氧化沟工艺，其中，北京大兴，山东潍坊市、莱西市、文登市的污水处理厂已经投入运行，规模 4 万～10 万 m^3/d。

1.2.8　一体化氧化沟工艺

一体化氧化沟广义上是指，作为生化处理的氧化沟和沉淀池或其他类型的固液分离设施合建为同一构筑物的布置形式。目前国内有单位推出的一体化氧化沟，主要包括侧沟式和中心岛式两种类型，其特点是：集曝气、沉淀和污泥回流功能为一体，不设单独的沉淀池，该技术一般被认为具有以下优点：采用曝气与沉淀的合建方式，占地较省；特殊的固液分离器，能达到较大的污泥表面负荷，相对普通沉淀池更节省用地及基建投资；省去专门的污泥回流系统，投资和运行费用有所减少。但是，就目前该技术的可靠性及稳定性来讲，有些问题应当审慎考虑，该工艺难以形成功能相对独立的厌氧、缺氧和好氧区域，对除磷脱氮要求较高的场合稳定性较差。

1.3　城市污水的处置及资源化

随着社会经济的快速发展和城市化建设进程的加快，城市缺水问题日益突出。据统计：当前全国 669 个城市中，400 多个城市常年供水不足，其中 110 个城市水资源严重匮乏，全国因缺水而减少的工业产值大于 1200 亿元/a，且呈现增长趋势。自 2000 年 5 月到 2003 年上半年，全国有 11 个省（市）的 103 万座县级以上城市供水严重短缺，其中严重缺水城市占 56%，已有 150 个城市先后开始实行定时限量供水，很多城市居民生活和生产用水困难，城市供水安全受到威胁，严重影响了城市的可持续发展。日益增加的水危机及衍生出的生态问题如不及时有效地解决，必将制约中国经济发展第三步战略目标的实现。

城市污水是一种可靠的淡水资源，具有量大、集中、水质较为稳定的特点。污水资源化就是根据不同的水质情况和用途，通过各种处理技术，将污水净化使其达到某种用水标准，回用于工业、市政、农业、景观等领域，从而实现大部分净化水的循环再利用，同时减少污水排放对环境造成不良影响。这样对于贯彻落实可持续发展战略，妥善处理好经济发展同人口、资源、环境的关系，协调跟进我国快速的城市化步伐等都将产生重要意义。所以，结合我国国情逐步地、有计划地实施污水资源化，是水资源利用较为科学合理的手段，也是消除水环境污染、缓解水资源危机的重要途径。

1.3.1　城市污水资源化现状

1. 国外城市污水资源化现状

世界上干旱地区对通过城市污水回用来缓解水资源不足的需求越来越迫切，在美国、英国、瑞士和以色列等发达国家，多年来再生水资源回用已积累了丰富的经验，回用水量也相当大，解决或部分解决了由于水资源不足限制城市和工业发展的问题，收到了相当好的社会效益和经济效益。

美国污水再生利用范围很广，涉及了城市回用、农业回用、娱乐回用、环境回用、工业回用、回灌地下水等各个方面。美国有 357 个城市实行了污水回用，其中用于农业的占 55.3%，回用水量 2.9 亿 m^3/a，回用于工业的占 40.5%，回用水量 2.0 亿 m^3/a。

日本由于国土狭小，人口众多，水资源严重短缺。1991 年日本有 876 个公共污水处理厂在运行，其中以每年大约递增 4 个污水处理厂出水得到再生利用，工业用途占 42%，环境用水或增加流量占 32%，农业灌溉占 13%，非饮用市政用水占 8%，季节性融雪和清雪占 4%。目前东京的三岛河污水处理厂将处理后的出水送至科多瓦特地区的 340 家工厂，用水量为 11 万 m^3/d。名古屋市自 1966 年起将污水处理厂的出水进一步处理后送至城市南部的 12 家工厂使用，规模 2.02 万 m^3/d。川崎市将艾利柴基污水处理厂处理后的污水直接供应日本汁江工业株式会社的永江铸造厂和新东亚玻璃公司下属的工厂，规模分别为 2.6 万 m³/d 和 0.3 万 m³/d。福冈地区到 1995 年污水回用量已经达到 4500 万 m³/d。东京还将污水处理厂的深度处理水用于恢复一条已经干涸的小溪，收到了良好的社会效益和经济效益。

以色列是一个严重缺水的国家，70％的国土为沙漠。由于水资源短缺，早在 20 世纪 60 年代便把污水回用列为一项国家政策，至 1987 年，全国已有 210 个市政污水回用工程，城市污水回用率达 72％，回用最小规模为 2.7 万 m³/d，最大规模为 20 万 m³/d。在回用方式上包括小型社区的污水经处理后回用于小区，中等规模城市的区域级回用工程。污水回用有三种目标，即农业利用、工业利用和进入输水干管满足于饮用水源的回用系统。

南非国家年平均降雨量不到 500mm，水资源由政府集中控制，水的问题涉及国家大政方针，并且制约着工农业的发展，供水、废水再用和控制污染是每一个城市、地区乃至整个国家的水资源储存开采计划的组成部分，污水回用已达半个世纪之久。在约翰内斯堡市，3 个发电厂利用城市污水 5 万 m³/d 作为工业冷却水，每天 110 万 m³/d 的自来水中 85％为城市污水再生水。

俄罗斯是水资源比较丰富的国家，但是其污水回用规模也很大，莫斯科东南区设有专门的工业水系统，有 36 家工厂用处理后的城市污水，每天回用水量达到 55 万 m³/d，库利扬诺夫污水处理厂 36.5 万 m³/d 处理后的污水回用于工业企业，切利雅宾斯克市回用水量为 330 万 m³/d。

2. 国内城市污水资源化现状

我国近 10 年来，随着城市水荒的加剧，各级领导对水的问题也越来越关注。在解决水资源短缺问题上，人们自然转向了城市污水资源。国家"七五"、"八五"期间完成的重大科技攻关项目城市污水资源化研究，针对我国北方部分城市在经济发展中急需解决的缺水问题，研究开发出适用于部分城市的污水回用成套技术、水质指标及回用途径，完成了规划方法及政策法规等基础工作，在北京、天津、秦皇岛、大连、太原、泰安、青岛、邯郸、大同、沈阳、威海、大庆、深圳等十余个城市重点开展污水回用事业，并相继建设了回用于市政景观、工业冷却等示范工程，为我国城市污水回用提供了技术与设计依据，并积累了一定经验。

"八五"期间，我国第一个污水回用示范工程，大连市春柳河水质净化厂于1992年建成投产。污水处理厂二级出水为水源，增建深度处理设施和输水管道，处理规模为1万 m^3/d，目前处理水量为5000 m^3/d，其中2000 m^3/d 回用于生产工艺和设备直流及循环冷却水，1500 m^3/d 供给煤气工厂，用于洗车水、废水生化处理系统稀释水和循环冷却补充水，1500 m^3/d 供给造船厂、热电厂、橡胶三厂等工厂作为基建消防、冷却用水。1992年在深圳滨河水质净化厂建造的污水回用示范工程，采用二级处理水直接过滤工艺进行深度处理，出水回用于污水处理厂风机冷却水、冲洗马路与厕所、浇洒绿地、洗车等用水，规模为1000 m^3/d。

我国最大的再年水资源利用工程是20世纪90年代建成的北京市高碑店污水处理厂再生水回用工程，该工程日输水能力总规模为47万 m^3/d，近期实现输水量30万 m^3/d，其中每天有20万 m^3 送往高碑店湖，作为高碑店湖的补充水，同时供市第一热电厂的工业冷却水，此外每天有10万 m^3 送往水源六厂，经水源六厂深度处理后，作为工业用水、园林绿化和市政杂用水，在送往东便门沿线设有取水口，提供市政杂用水，在送往西便门途中建成了4条支线，分别供给大观园、陶然亭、龙潭湖、天坛等公园，作为公园的景观用水、绿化用水。

总之，国内近几年在污水资源再利用方面得到了一定的发展，但总体来说，再生水资源利用的规模在我国还比较小，与发达国家相比差距较大。

1.3.2 城市污水资源化的基本途径

经过处理后的城市污水，是城市可利用的稳定的淡水资源。污水再生利用不仅减少了城市对水的需求量，而且削减了对水环境的污染负荷。再生水可应用于以下几个方面。

1. 农业灌溉用水

城市污水经过二级处理后一般都能达到国家制定的农田灌溉用水水质标准。目前应加强工业污水和城市生活污水的处理率。如果污水处理厂周围是农田，那么污水处理厂的出水用于农田灌溉是最好的途径。既节约了输水工程的投资，又可将再生水就近得到利用，还可将二级污水处理厂出水的氮、磷去除标准放宽（只限农业灌溉用）。

2. 工业用水

工业用水应根据不同行业的用水水质标准，在二级污水处理厂的出水基础上，由企业再进一步的处理，作为生产用水以达到节约优质淡水资源的目的。例如：电力、化工企业冷却用水水质标准相对低些，但需求量较大。大连春柳河污水处理厂1992年建设投产了污水再生设备，产量为 1 万 m^3/d，主要用于热电厂冷却用水，小部分用于工业生产用水，运行 10 年来效果良好，效益可观。电子行业的用水水质标准较高，这就要求此类企业对污水进行深度处理。

3. 城市河道景观用水

城市湖泊、河道由于水源紧张，有的河床处于无水状态，甚至成为排放污水的臭沟，使城市景观不仅受到不良影响，而且失去了河道在城市景观中的功能。国家对景观水质制定了标准，经过二级处理的污水水质符合景观用水水质标准，在卫生指标上加以再处理即可达标。将处理后的城市污水，补充无水源保证的风景观赏河道，使城市景观得到改善。

4. 市政、园林用水

随着人们生活质量的不断提高，城市道路喷洒、园林绿地浇灌的用水量会逐年加大。将优质的淡水用于道路喷洒、绿地浇灌是一种浪费。只要将再生水的水质经处理后达到杂用水标准就可以再生水代替自来水作为市政、园林用水，这也是节约优质淡水资源的途径之一。

5. 生活杂用水

再生水经过二级污水处理厂处理达到符合国家生活杂用水水质标准的生活杂用水，弥补了由于自来水限量供应造成的用水量不足。特别是集中的居民小区、中高档饭店、写字楼、别墅使用该水更为方便。该水可用于家庭卫生间冲洗、马桶用水、擦地面用水以及小区内坑塘补充水、小区道路喷洒水、树木、草坪、鲜花浇灌水等。

6. 利用现有坑塘储存再生水

污水处理厂是常年运行的，而再生水的利用是有季节性的或时差性的。因此会发生再生水剩余的问题，可利用现有的坑塘或兴建简易的水库，将这部分再生水储存起来作为备用水源。

7. 地下回灌用水

由于地下水的开采量过大，引起地面下沉。我国一些城市地面下沉极为严重，平均每年下沉 10cm 多。为了控制地面下沉，除限制开采量或禁止开采外，还可采取回灌措施。再生水可以作为回灌水的水源，达到回灌的水质要求方可回灌。

一般回用水的水质标准，可参考表1.2。

表 1.2　　　　　　城市污水回用水的水质标准

标准 水质	GB 3838—2002 地面水 Ⅴ类	GB/T 18920—2002 城市杂用水		CECS 61.94 冷却水		观赏性景观市区河道	北京市中水水质
		冲洗厕所	洗车扫除	直流	循环补充		
浊度（NTU）		≤5	≤5	5			
悬浮物（mg/L）						20	≤10
溶解性固体（mg/L）	≤1500	≤1000	≤1000	≤1000			≤1200
色度（度）		≤30	≤30			30	≤30
嗅味	无不适感						
pH 值	6.0～9.0	6.0～9.0	6.0～9.0	6.0～9.0	6.5～9.0	6.0～9.0	6.5～9.0

续表

标准 水质	GB 3838—2002 地面水 V类	GB/T 18920—2002 城市杂用水 冲洗厕所	GB/T 18920—2002 城市杂用水 洗车扫除	CECS 61.94 冷却水 直流	CECS 61.94 冷却水 循环补充	CECS 61.94 观赏性景观市区河道	北京市中水水质
BOD_5（mg/L）	10	≤10	≤10	30	10	10	≤10
COD_{Cr}（mg/L）	40				60		≤50
氨氮（mg/L）	2.0	≤10	≤10		10	≤5	≤20
总磷（mg/L）	0.4				1	≤1.0	
余氯（mg/L）		管网末端 ≥0.2	管网末端 ≥0.2	0.1～0.2	0.1～0.2	≥0.05	≥0.2
总硬度（mg/L）				850	450		
总碱度（mg/L）				500	350		
阴离子合成洗涤剂（mg/L）	0.3	≤1.0	≤0.5			≤0.5	≤1.0
铁（mg/L）	0.3	≤0.3	≤0.3		0.3	0.4	0.4
锰（mg/L）	0.1	≤0.1	≤0.1		0.2		0.1
总大肠菌群数（个/L）		≤3	≤3				≤3

1.3.3　城市污水资源化工艺及技术

　　城市污水的资源化工艺及技术，即对城市污水处理厂的二级处理出水进行深度处理，达到不同行业的回用要求。根据回用目的的不同，城市污水资源化工艺及技术见表1.3、表1.4。

表 1.3　　城市污水资源化工艺及技术典型处理流程

序号	工 艺 名 称	典型工艺流程
1	直接过滤	砂滤→消毒
2	微絮凝过滤	絮凝混合→砂滤→消毒
3	沉淀过滤	絮凝混合→沉淀→砂滤→消毒
4	气浮过滤	絮凝混合→气浮→砂滤→消毒

续表

序号	工 艺 名 称	典型工艺流程
5	活性炭吸附 A	粉末活性炭 ↓ 絮凝混合→沉淀→砂滤→消毒
6	活性炭吸附 B	絮凝混合→砂滤→ 碳粒过滤→消毒
7	臭氧氧化 A	絮凝混合→沉淀→砂滤→ 臭氧氧化→消毒
8	臭氧氧化 B	臭氧氧化→砂滤→消毒
9	活性炭吸附与臭氧 氧化联合处理 A	臭氧氧化→砂滤→ 碳粒过滤→消毒
10	活性炭吸附与臭氧 氧化联合处理 B	粉末活性炭 ↓ 絮凝混合→沉淀→砂滤→ 碳粒过滤→消毒
11	活性炭吸附与臭氧 氧化联合处理 C	絮凝混合→砂滤→臭氧氧化→ 碳粒过滤→消毒
12	膜分离 A	絮凝混合→沉淀→超滤→消毒
13	膜分离 B	絮凝混合→沉淀→砂滤 →反渗透→消毒
14	膜分离 C	絮凝混合→沉淀→超滤 →反渗透→消毒
15	慢滤	絮凝混合→沉淀→慢滤池→消毒
16	土地处理	絮凝混合→沉淀→土地渗滤

表 1.4   国内回用工程采用的处理工艺组合举例

类 型	所 在 地	处理方式	用 途
工业、市政	西安北石桥污水处理厂	氧化沟、混凝沉淀、过滤、消毒	工业冷却水、绿化等
工业、市政	太原化工厂回用工程（以太原杨家堡污水净化厂出水为回用处理水源）	二级处理、过滤、曝气生物滤池、混凝沉淀、过滤、消毒	化工循环冷却水、市政杂用

续表

类　型	所　在　地	处　理　方　式	用　途
景观环境	合肥王小郢污水处理厂	二级处理、混凝沉淀、过滤、消毒	景观、河流水体补充水等
工业、景观环境	山东泰安污水处理厂	改良 AB 法（B 段为 A_2/O）、过滤、消毒	景观环境、工业回用水
工业	天津纪庄子污水处理厂	A_2/O、纤维球过滤、消毒	工业用水等
市政、景观环境	北京北小河污水处理厂	A/O、过滤、消毒	绿化、市政、河道

参考文献

[1]　给排水设计手册. 2 版. 北京：中国建筑工业出版社，2004.

[2]　武学军. 西安市城市污水再生回用研究. 2005.

[3]　张越，姚念民. 我国城市污水处理新兴工艺综述. 北京：21 世纪国际城市污水处理级资源化发展战略研讨会，2001.

第2章 城市污水的预处理

城市污水中含有相当数量的漂浮物和悬浮物质,通过物理方法去除这些污染物的方法称为一级处理,又称为物理处理或预处理。

在实际工作中应根据不同的情况,采取不同的截留方法,将格栅、沉砂池、沉淀池等进行组合,以适应城市污水处理需求。近年来,又发展了强化一级处理工艺,通过投加混凝剂以强化一级处理效果,提高处理水平。下面对一级处理的各个单元进行介绍。

2.1 格 栅

格栅是由一组平行的金属或非金属材料的栅条制成的框架,斜或垂直置于污水流经的渠道上,用以截阻大块呈悬浮或漂浮状的污染物(垃圾)。

按形状,格栅可分为平面格栅和曲面格栅;按栅条净间隙,格栅可分为粗格栅(50~100mm)、中格栅(10~40mm)、细格栅(3~10mm);按清渣方式,格栅可分为人工清渣格栅和机械清渣格栅。

格栅设计过程中注意事项如下:

(1)栅条间距:水泵前格栅栅条间距按污水泵型号选定。

(2)若在处理系统前,格栅栅条净间隙还应符合下列要求:

1)人工清渣:25~100mm。

2)机械清渣:16~100mm。

3)最大间距:100mm。

4）栅条间距与截污物数量的关系见表2.1。

表2.1　　　　　栅条间距与截污物数量的关系

栅条间距（mm）	栅渣污水（$m^3/10m^3$）
16～25	0.10～0.05
30～50	0.03～0.01

（3）清渣方式：大型格栅（每日栅渣量大于0.2m^3）应用机械清渣。

（4）含水率、容重：栅渣的含水率按80％计算，容重约为960kg/m^3。

（5）过栅流速：过栅流速一般采用0.6～1.0m/s。

（6）栅前渠内流速一般采用0.4～0.9m/s。

（7）过栅水头损失一般采用0.08～0.15m。

（8）格栅倾角一般采用45°～75°。

（9）机械格栅不宜少于2台。

（10）格栅间需设置工作台，台面应高出栅前最高设计水位0.5m；工作台两侧过道宽度不小于0.7m；工作台面的宽度为：人工清渣不小于1.2m，机械清渣不小于1.5m。

2.2　水量水质调节技术

调节的目的是减小和控制污水水量、水质的波动，为后续处理（特别是生物处理）提供最佳运行条件。调节池的大小和形式随污水水量及来水变化情况而不同。调节池池容应足够大，以便能消除因厂内生产过程的变化而引起的污水增减，并能容纳间歇生产中的定期集中排水。水质和水量的调节技术主要用于工业污水处理流程。

工业污水处理进行调节的目的是：

（1）适当缓冲有机物的波动以避免生物处理系统的冲击负荷。

（2）适当控制 pH 值或减小中和需要的化学药剂投加量。

（3）当工厂间断排水时还能保证生物处理系统的连续进水。

（4）控制工业污水均匀向城市下水道的排放。

（5）避免高浓度有毒物质进入生物处理工艺。

2.2.1　水量调节

污水处理中单纯的水量调节有两种方式：一种为线内调节（图 2.1），进水一般采用重力流，出水用泵提升；另一种为线外调节（图 2.2），调节池设在旁路上，当污水流量过高时，多余污水用泵打入调节池，当流量低于设计流量时，再从调节池回流至集水井，并送去后续处理。

图 2.1　线内调节池　　　　　　图 2.2　线外调节池

2.2.2　水质调节

水质调节的任务是对不同时间或不同来源的污水进行混合，使流出水质较均匀，水质调节池也称为均和池或匀质池。

水质调节的基本方法有两种：①利用外加动力（如叶轮搅拌、空气搅拌、水泵循环）而进行的强制调节，此方法设备较简单，效果较好，但运行费用高；②利用差流方式使不同时间和不同浓度的污水进行自身混合，基本没有运行费，但设备结构复杂。

图 2.3 为一种外加动力的水质调节池，采用空气搅拌；在池底设有曝气管，在空气搅拌作用下，使不同时间进入池内的污水得以混合。这种调节池构造简单，效果较好，并可预防悬浮物沉积于池内。最适宜在污水流量不大、处理工艺中需要预曝气以及有现成空气系统的情况下使用。如污水中存在易挥发的有害物质，则不宜使用空气搅拌调节池，可改用叶轮搅拌。

差流方式的调节池类型很多。如图 2.4 所示为一种折流调节池。配水槽设在调节池上部，池内设有许多折流板，污水通过配水槽上的孔口溢流至调节池的不同折流板间，从而使某一时刻的出水包含不同时刻流入的污水，起到了水质调节的作用。

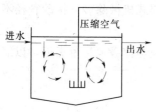
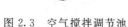
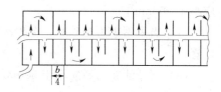

图 2.3　空气搅拌调节池　　　　图 2.4　折流调节池

2.3 沉 砂 池

城市污水中含有一定数量的无机物，例如砂粒，砂粒随污水进入处理构筑物后，在流速比较慢的地方会沉下来，例如曝气池的底部、沉淀池底部等，还会随污泥进入污泥处理系统，砂粒会造成管道和机构的损坏，因此城市污水处理系统中一般都设有沉砂池。

沉砂池的形式，按池内水流方向的不同，可分为平流式、竖流式和旋流式三种；按池形可分为平流式沉砂池、竖流式沉砂池、曝气沉砂池和旋流式沉砂池。

对于沉砂池的一般规定如下：

（1）沉砂池设计时，按相对密度为 2.65、粒径为 0.2mm 以上的砂粒考虑。

（2）对于设计流量的考虑：当城市污水自流进入沉砂池时，按每期的最大设计流量考虑；当城市污水提升进入沉砂池时，按每期工作水泵的最大组合流量考虑。

（3）沉砂池的个数或分格数不应小于 2，并应按并联设计；当污水量较少时，可考虑一用一备。

（4）城市污水的沉砂量可按 $3m^3$ 砂/10 万 m^3 污水考虑，含水率为 60%，密度为 $1500kg/m^3$。

（5）砂斗的容积按不大于 2d 的沉砂量计算，砂斗倾角不小于 55°。

（6）沉砂池一般采用泵吸式或气提式机械除砂，排砂管径不应小于 200mm。

（7）当采用重力排砂时，沉砂池应与储砂池尽量靠近，以缩短管线。

（8）沉砂池超高不应小于 300mm。

2.3.1　平流式沉砂池

平流式沉砂池（图 2.5）是常用的形式，污水在池内沿水平方向流动，靠无机颗粒与水的密度不同实现无机颗粒与污水的分离，具有构造简单、无需动力、截留无机颗粒效果好的优点。其设计数据如下：

（1）最大流速为 0.3m/s，最小流速为 0.15m/s。

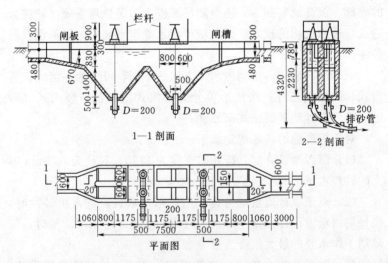

图 2.5　平流式沉砂池工艺图（单位：mm）

（2）最大流量时的停留时间不小于 30s，一般采用 30～60s。

（3）有效水深不大于 1.2m，一般采用 0.25～1m，每格的宽度不宜小于 0.6m。

（4）进水头部应采取消能和整流措施。

（5）池底坡度一般为 0.01～0.02。

2.3.2　竖流式沉砂池

竖流式沉砂池是污水自下而上经中心管流入沉砂池内，根据无机颗粒比水密度大的特点，实现无机颗粒与污水的分离。该沉砂池占地面积小、操作简单，但处理效果一般较差。其设计过程中应注意以下问题：

（1）最大流速为 0.1m/s，最小流速为 0.02m/s。

（2）最大流量时的停留时间不小于 20s，一般采用 30～60s。

（3）进水中心管最大流速为 0.3m/s。

2.3.3　曝气沉砂池

曝气沉砂池（图 2.6）是长形的池体，在沿池壁一侧距池底 60～90cm 高度处设曝气装置，而在其下部设集砂斗。在曝气的作用下，使污水中的无机颗粒经常处于悬浮状态，砂粒互相摩擦并受曝气的剪切力，能够去除砂粒上附着的有机污染物，有利于取得较为纯净的砂粒。该沉砂池的优点是通过调节曝气量，可以控制水的旋流速度，使除砂效率稳定，受流量的变化影响较小。设计时应注意以下事项：

（1）旋流速度应保持 0.25～0.3m/s。

（2）水平流速为 0.06～0.12m/s。

（3）最大流量时停留时间为 1～3min。

（4）有效水深为 2～3m，宽深比一般采用 1～2。

（5）长宽比可达 5，当池长比池宽大得多时，应考虑设置横向挡板。

（6）1m³ 污水的曝气量为 0.1～0.2m³ 空气。

（7）空气扩散置设在池的一侧，距池底约 0.6～0.9m，送气管应设置调节气量的阀门。

（8）池子的形状应尽可能不产生偏流或死角，在集砂槽附近可安装纵向挡板。

（9）池子的进口和出口布置，应防止发生短路，进水方向应与池中旋流方向一致，出水方向应与进水方向垂直，并应考虑设置挡板。

（10）池内应考虑设消泡装置。

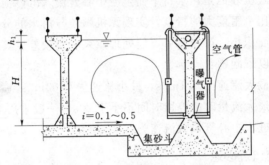

图2.6　曝气沉砂池示意图

2.3.4　旋流式沉砂池

旋流式沉砂池是利用机械力控制污水的流态和流速，加速无机颗粒的沉淀，有机物则被流在污水中，具有沉砂效果好、占地省的优点。旋流式沉砂池可分为旋流式沉砂池Ⅰ和旋流式沉砂池Ⅱ两种：

（1）旋流式沉砂池Ⅰ。

该沉砂池由进水口、出水口、沉砂分选区、集砂区、砂提升管、排砂管、电动机和变速箱组成，其构造如图2.7所示。城市污水由入口沿切线方向流入沉砂区，在机械离心力的作用下，污水中的砂粒被甩向池壁，然后掉入集砂斗，经砂提升管、排砂管清洗后排出，以达到无机砂粒与污水的分离。

（2）旋流式沉砂池Ⅱ。

该沉砂池由进水口、出水口、沉砂分选区、集砂区、砂抽吸

管、排砂管、砂泵及电动机组成，其构造如图 2.8 所示。该沉砂
池的工作原理是：在进水渠的末端设有能产生池壁效应的斜坡，
令砂粒下沉，沿斜坡流入池底，并设有阻流板，以防止紊流；轴
向螺旋桨将水流带向池心，然后向上，由此形成了涡旋水流，平
底的沉砂分选区能有效保持涡流形态，较重的砂粒在靠近池心的
一个环形孔口落入集砂区，而较轻的有机物在螺旋桨的作用下随
污水流向出水渠，实现污水与砂粒的有效分离。

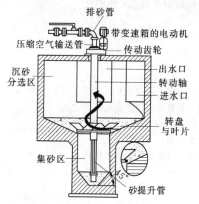
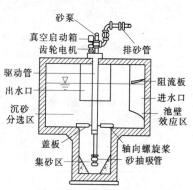

图 2.7　旋流式沉砂池Ⅰ结构图　　图 2.8　旋流式沉砂池Ⅱ结构图

2.4　沉　淀　池

　　沉淀池是将污水中的可沉降固体物质，在重力作用下沉降，
从而达到与水分离的目的，这种污水处理构筑物称为沉淀池。在
各种污水处理系统中，沉淀池是必不可少的处理设施。

　　在一级处理系统中，污水经过格栅和沉砂池处理后，进入沉
淀池，使污水中的可沉降悬浮固体在重力的作用下与污水分离，
这种构筑物称为初沉池。而在二级处理中，在生物反应池的后
面，设沉淀池，将活性污泥沉淀与水分离，使处理后的污水尽量
不带有悬浮物，这种构筑物称为二沉池。

简明土木工程新技术专题丛书

　　沉淀池一般分为平流式、竖流式、辐流式和斜板管式四种形式，每种沉淀池均包含进水区、沉淀区、缓冲区、污泥区和出水区。沉淀池各种池型的优缺点和适用条件见表 2.2。

表 2.2　　　　　　　　各 种 沉 淀 池 比 较

池型	优　　点	缺　　点	适 用 条 件
平流式	1. 沉淀效果好； 2. 对冲击负荷和温度变化的适应能力较强； 3. 施工简易，造价较低； 4. 排泥设备已趋定型	1. 池水配置不易均匀； 2. 采用多斗排泥时，每个泥斗需要单独设排泥管，操作量大； 3. 采用链带式刮泥机排泥时，链带的支撑件和驱动件都浸在水中，易锈蚀	1. 适用于地下水位高及地质较差地区； 2. 适用于大、中、小型污水处理厂
竖流式	1. 排泥方便，管理简单； 2. 占地面积较小	1. 池子深度大，施工困难； 2. 对冲击负荷和温度变化的适应能力较差； 3. 造价较高； 4. 池径不宜过大，否则布水不匀	适用于处理水量不大的小型污水处理厂
辐流式	1. 多用机械排泥，运行较好，管理较简单； 2. 排泥设备已趋定型	机械排泥设备复杂，对施工质量要求高	1. 适用于地下水位较高地区； 2. 适用于大、中型污水处理厂
斜板管式	1. 水力负荷高，为其他沉淀池的一倍以上； 2. 占地少，节省土建的投资	斜板和斜管容易堵塞	1. 适用于室内或池顶加盖； 2. 适用于小型污水处理厂

2.4.1　沉淀池设计的一般规定

　　（1）设计流量应按分期建设考虑：当城市污水为自流进入沉淀池时，设计流量取每期的最大设计流量；当城市污水用泵提升进入沉淀池时，设计流量取每期工作泵的最大组合流量；对于合流制的排水系统，应按降雨时的设计流量来考虑，而且沉淀时间不宜少于 30min。

（2）当无城市污水沉淀资料时，沉淀池的设计参数可按表2.3的设计数据选取。

表2.3　　　　　　城市污水沉淀池设计数据

沉淀池类别	位置	沉淀时间（h）	表面负荷[m³/（m²·h）]	污泥含水率（%）	固体负荷[kg/（m²·d）]	堰口负荷[L/（s·m）]
初次沉淀池	预处理段	1.0～2.0	1.5～3.0	95～97		≤2.9
二次沉淀池	活性污泥法后	1.5～2.5	1.0～1.5	99.2～99.6	≤150	≤1.7
	生物膜法后	1.5～2.5	1.0～2.0	96～98	≤150	≤1.7

（3）沉淀池的有效水深（H）、沉淀时间（t）与表面负荷（q'）的关系见表2.4。当表面负荷一定时，有效水深与沉淀时间之比也为定值，即$H/t=q'$。一般沉淀时间不少于1h，有效水深多采用2～4m，对辐流式沉淀池的有效水深指池边水深。

表2.4　　　沉淀池表面负荷、沉淀时间与有效水深的关系表

表面负荷 q'[m³/（m²·h）]	沉淀时间 t(h)				
	$H=2.0$m	$H=2.5$m	$H=3.0$m	$H=3.5$m	$H=4.0$m
2.0	1.0	1.3	1.5	1.8	2.0
1.5	1.3	1.7	2.0	2.3	2.7
1.2	1.7	2.1	2.5	2.9	3.3
1.0	2.0	2.5	3.0	3.5	4.0
0.6	3.3	4.2	5.0		

（4）沉淀池的个数和分格数不应少于两个，并宜按并联考虑。

（5）池子的超高至少采用0.3m；缓冲层高度，一般采用0.3～0.5m。

（6）污泥部分的设计：污泥斗倾角：方斗不宜小于60°，圆斗不宜小于55°；污泥区的容积：初次沉淀池一般按不大于2d的污泥量考虑，采用机械排泥时，可按4h污泥量考虑；二次沉淀

池可按不小于 2h 的污泥量考虑，泥斗污泥浓度按混合浓度和底流浓度的平均浓度计算；排泥管直径不应小于 200mm；一般采用静压排泥，初次沉淀池的静压不小于 1.5m H_2O，二次沉淀池的静压，生物膜法后的不小于 1.2m H_2O，活性污泥法后的不小于 1.5m H_2O；采用多斗排泥时，污泥斗平面呈方形或近似方形的矩形，排数一般不宜多于两排，每个泥斗均应设单独闸阀和排泥管；刮泥机的行进速度不大于 1.2m/min，一般采用 0.6～0.9m/min。

（7）初次沉淀池应设撇渣设施，出口和入口均应设置整流设施。

（8）为减轻堰口负荷或改善出水水质，可采用多槽沿程出水布置。

（9）当每组沉淀池有两个池以上时，为使每个池的流入量均等，应在入流口设置调节阀门，以调整流量。

2.4.2 不同类型的沉淀池介绍

1. 平流式沉淀池

平流式沉淀池，污水从沉淀池的一端流入，沿水平方向流动，在重力作用下悬浮物沉到池底，水从池体的另一端溢出，池体呈长方形，污泥通过泥斗收集排走或采用机械设备进行排泥。平流沉淀池具有处理效果稳定，对冲击负荷和温度的变化有较强的适应能力，操作管理简单的优点，因此在大、中、小的污水处理厂都适用。当用地比较紧张时平流沉淀池可以合建，池与池之间共用池壁。平流式沉淀池结构见图 2.9。

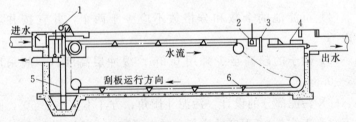

图 2.9 平流式沉淀池结构
1—集渣器驱动；2—浮渣槽；3—挡板；4—出水堰；5—排泥管；6—刮板

平流式沉淀池在设计时要注意：

（1）池的长宽比以 4～5 为宜，长深比一般采用 8～12。

（2）沉淀池的入口要有整流设施，常用的有淹没孔与孔整流墙的组合，有孔整流墙上的开孔总面积为过水断面的 6％～20％。也有底孔式入流装置，底部设挡板。出水的整流可采用溢流式的集水渠，渠两边设堰板（常用三角堰），堰上的水力负荷必须满足规定的要求，堰负荷过高时会将悬浮物带走。

（3）按表面负荷设计时，应对水平流速进行校核，最大水平流速：初次沉淀池为 7mm/s，二次沉淀池为 5mm/s。

（4）采用刮泥机排泥时，池底纵坡一般为 0.01～0.02，刮泥机速度一般为 0.6～0.9m/min。

2. 竖流式沉淀池

竖流式沉淀池（图 2.10）表面为圆形，但也有方形和多角形的。污水从池中央下部进入，由下向上流动，澄清污水由池面和池边溢出。

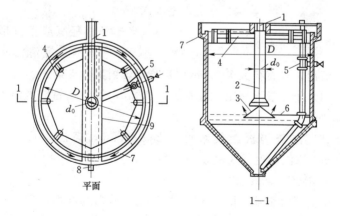

图 2.10　竖流式沉淀池结构

1—进水槽；2—中心管；3—反射板；4—挡板；5—排泥管；
6—缓冲管；7—集水槽；8—出水管；9—过桥

竖流式沉淀池的工作与平流式不同，污水以一定的速度上升，此时污水中的悬浮物颗粒受到向上的浮力和向下的重力作用，当重力下沉的速度大于上升速度时，颗粒才能下沉而被去除，否则颗粒就不能下沉，所以在负荷相同的条件下，竖流式沉淀池的去除率低于其他类型的沉淀池。但其优点是只有一个泥斗，排泥和管理都比较容易，因此竖流式沉淀池只适用于小型的污水处理厂。

竖流式沉淀池设计数据：

（1）池子直径（或正方形的边长）与有效水深之比不大于 3.0，池径一般采用 4～7m，最大为 10m。

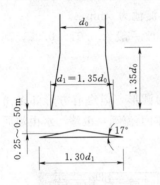

图 2.11　中心管示意图

（2）中心管内流速不大于 30mm/s，中心管下口应设有喇叭口和反射板（图 2.11），喇叭口下端至反射板表面之间的缝隙距离一般为 0.25～0.5m，缝隙内污水流速，初次沉淀池为 20mm/s，二次沉淀池不大于 15mm/s，反射板离底泥面至少 0.3m。

（3）当池子直径（或正方形的一边）小于 7.0m 时，澄清污水沿周边流出；当直径大于 7.0m 时应增设辐射集水支渠。

（4）排泥管下端距池底不大于 0.2m，管上端超出水面不小于 0.4m。

（5）浮渣挡板距集水槽 0.25～0.5m，高出水面 0.1～0.15m，淹没深度 0.3～0.4m。

3. 辐流式沉淀池

辐流式沉淀池（图 2.12～图 2.14）外形为圆形，进出水的布置方式分为：中心进水周边出水、周边进水中心出水和周边进水周边出水三种形式。对于中心进水周边出水的辐流式沉淀池，污水（混合液）从池底进入中心管，中心管周围为入流区，中心管周围均匀地开有配水孔，中心管外有整流套筒，使污水在池内分布均匀，在池的周边设出水集水渠，渠的两边有三角堰板，为保证出水堰的负荷，一般采用双边进水，集水渠外还有挡板，防止浮泥流入集水渠，池内有浮渣收集斗。辐流式沉淀池一般采用机械刮泥机或吸泥机收集和排出污泥。处理效果也比较稳定，因此广泛地应用于大型污水处理厂。

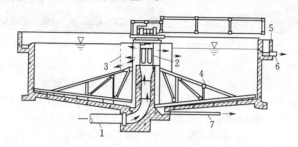

图 2.12 中心进水的辐流式沉淀池
1—进水管；2—中心管；3—穿孔挡板；4—刮泥机；
5—出水槽；6—出水管；7—排泥管

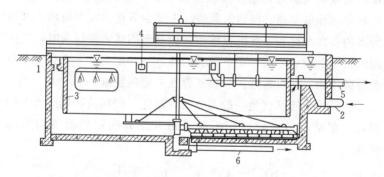

图 2.13 周边进水中心出水的辐流式沉淀池
1—进水槽；2—进水管；3—挡板；4—出水槽；5—出水管；6—排泥管

设计中，辐流式沉淀池池径宜小于 16m。池子直径（或正形的一边）与有效水深之比，一般采用 6～12。当池径小于 20m时，一般采用中心传动的刮泥机；池径大于 20m 时，一般采用周边传动的刮泥机，其驱动装置设在桁架的外缘；刮泥机旋转速度一般为 1～3r/h，外周刮泥板的线速度不超过 3m/min，一般采用 1.5m/min。

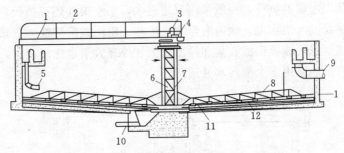

图 2.14　周边进水周边出水的辐流式沉淀池

1—过桥；2—栏杆；3—传动装置；4—转盘；5—进水下降管；6—中心支架；

7—传动器罩；8—衍架式耙架；9—出水管；10—排泥管；

11—刮泥板；12—可调节橡皮刮板

4. 斜板（管）沉淀池

斜板（管）沉淀池是根据"浅层沉淀"原理，在沉淀池中加设斜板或蜂窝斜管，以提高沉淀效率的一种沉淀池（图 2.15）。它具有沉淀效率高、停留时间短、占地少等优点，可应用于城市污水的初次沉淀和二次沉淀池中。但是当固体负荷过大时，其处理效果不太稳定，耐冲击负荷能力差，在一定条件下也会滋生藻类等微生物，使日常维护和管理存在一定的困难。

斜板或斜管沉淀池一般可分为异向流、同向流和侧向流 3 种形式，在城市污水处理厂一般采用升流异向流斜板或斜管沉淀池。

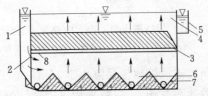

图 2.15　斜板（管）沉淀池示意图

1—配水槽；2—穿孔墙；3—斜板（管）；

4—淹没孔；5—集水槽；6—集泥斗；

7—排泥管；8—阻流板

升流斜板或斜管沉淀池设计时应考虑以下几点：

（1）升流异向流斜板或斜管沉淀池的设计表面负荷一般可比普通沉淀池提高一倍左右；对于二次沉淀池应以固体负荷核算。

（2）斜板间距一般采用 80～100mm，斜管孔径一般采用 50～80mm，斜板（管）斜长一般为 1.0～1.2m，倾角一般为 60°。

（3）斜板（管）区的下部为缓冲层，高度一般为 0.5～1.0m，上部澄清区水深一般为 0.5～1.0m。

（4）斜板（管）沉淀池进水方式一般为穿孔墙整流布水，一般采用多槽出水，斜板与池壁的间隙处应设阻流板，以防止短流。

（5）池内水力停留时间一般为，初次沉淀池不超过 30min，二次沉淀池不超过 60min。

（6）排泥采用重力排泥，排泥次数每天至少 1～2 次，或者可连续排泥。

2.5　强化一级预处理技术

2.5.1　概述

城市污水处理中，以沉淀为主的一级处理对有机物的去除率较低，仅采用一级处理，难以有效控制水污染。然而，建设大批城市污水二级处理厂需要大量投资和高额运行费用，这是广大发展中地区难以承受的。因而，各种类型投资较低而对污染物去除率较高的城市污水强化一级预处理技术应运而生。

强化一级预处理技术的优越性在于：在一级处理的基础上，通过增加较少的投资建设强化处理措施，可以较大程度地提高污染物的去除率，削减总污染负荷，降低去除单位污染物的费用。强化一级处理技术大致可分为三种：化学一级强化、生物一级强化和复合一级强化，下面将详细介绍这三种强化一级处理技术。

2.5.2　化学一级强化处理工艺

在城市污水化学一级强化处理中，通常会向废水中加入混凝剂和絮凝剂，以去除污水中的悬浮物和胶态有机物，实现污水的净化，具体工艺如图 2.16 所示。

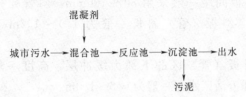

图 2.16　化学混凝一级强化处理工艺

1. 常用混凝剂和絮凝剂

混凝剂指主要起脱稳作用而投加的药剂，而絮凝剂主要指通过架桥作用把颗粒连接起来所投加的药剂。

（1）城市污水采用的混凝剂主要有铝盐和铁盐等，具体见表 2.5。

表 2.5　　　　　　　　　　污水中采用的混凝剂

混凝剂名称	混凝剂分子式	适　用　条　件
硫酸铝	$Al_2(SO_4)_3 \cdot 18H_2O$	1. 适用水温为 20～40℃； 2. 当 pH＝4～7 时，主要去除水中有机物；当 pH＝5.7～7.8 时，主要去除水中悬浮物；当 pH＝6.4～7.8 时，主要处理浊度高、色度低的废水
明矾	$Al_2(SO_4)_3 \cdot K_2SO_4 \cdot 24H_2O$	基本同硫酸铝
硫酸亚铁	$FeSO_4 \cdot 7H_2O$	1. 腐蚀性较高； 2. 絮体形成较快，较稳定，沉淀时间短； 3. 适用于碱度高、浊度高废水； 4. 适用 pH＝8.1～9.6，废水色度高时不宜采用

续表

混凝剂名称	混凝剂分子式	适 用 条 件
三氯化铁	$FeCl_3 \cdot 6H_2O$	1. 不受温度影响，絮体大、沉淀快、效果好； 2. 适用 pH＝6.0～8.4，废水碱度不够时应加一定量的石灰，以提高碱度； 3. 处理低浊度废水时，效果不显著
碱式氯化铝	$Al_n(OH)_mCl_{3n-m}$	1. 温度适应性高； 2. 适用 pH＝5～9； 3. 操作简单、腐蚀性小、劳动条件好、成本低

（2）常用絮凝剂。

絮凝剂分为无机絮凝剂和有机絮凝剂，具体见表 2.6。

表 2.6　　　　　　　常 用 絮 凝 剂

絮凝剂名称	絮凝剂分子式	适 用 条 件
聚丙烯酰胺（PAM）	水溶性高分子物质 $CONH_2[CH_2-CH]_n$	1. 不易溶解，配制浓度一般控制为 2%，投加浓度一般为 0.5%～1%； 2. 与常用混凝剂配合使用时，应视原水浊度的高低按一定的顺序投加，以发挥最佳效果
丙烯酰胺与二烯丙基季铵盐共聚絮凝剂		1. 具有酰胺基、阳离子和阴离子三个功能基团； 2. 对于降低沉淀后剩余浊度具有较大的优越性
活化硅酸（AS）	硅酸钠溶液中加酸调制而成的聚硅酸	1. 适用于和硫酸亚铁、硫酸铝配合使用，可缩短混凝时间，节省混凝剂用量； 2. 当原水浊度低、悬浮物含量少、水温较低时，处理效果更为显著
骨胶	动物类黏结材料	1. 骨胶一般和三氯化铁混合后使用； 2. 不会因投加量过大，使混凝效果降低； 3. 投加量少、操作方便
海藻酸钠	$(C_6H_7O_6Na)_n$	价格昂贵，产地仅限于沿海

2. 化学絮凝剂强化效果

据有关实验研究，无机絮凝剂与有机絮凝剂的强化效果可参见表 2.7。

表 2.7　　　　　　　　　**化学絮凝一级强化处理效果**

絮凝剂		最佳投加量（mg/L）	COD 去除效果（%）			浊度去除效果（%）		
			自然沉降去除率	强化去除率	总去除率	自然沉降去除率	强化去除率	总去除率
无机絮凝剂	硫酸铁	60	7.3	43.9	49.3	11.4	65.7	71.2
	三氯化铁	60	6.1	48.5	54.3	25.6	58.2	73.1
	硫酸铝	60	31.1	40.1	58.7	14.3	55.8	62.8
	聚合硫酸铁	50	16.4	28.4	44.2	13.5	54.2	61.4
	聚合氯化铝	30	19.4	32.9	48.2	11.4	58.9	65.4
有机絮凝剂	聚丙烯酰胺	2	15.2	36.8	48.6	27.9	55.5	70.0
	阳离子型壳聚糖	2	12.3	50.5	59.9	28.6	58.5	72.0
	PA331	2	17.4	55.5	63.4	28.1	58.0	71.7
	PA362	2	11.2	47.0	59.7	27.4	49.2	65.7

　　从以上化学强化的处理机理和效果可以总结出，化学絮凝一级强化处理对悬浮固体、胶体物质的去除均有明显的强化效果，SS 去除率可达 90%，BOD 去除率约为 50%～70%，COD 的去除率为 50%～60%；此外除磷效果好，一般在 80% 以上。当接后续处理时，可降低其运行的负荷和能耗。

　　但是，由于在处理过程中投加化学药剂，将对环境造成一定影响，而且污泥产量较大，污泥处理处置工作量较大，且处理费用相当可观，这一问题还有待解决。

2.5.3　生物一级强化处理工艺

　　1. 生物絮凝一级强化处理工艺

　　生物絮凝法不同于化学絮凝沉淀，此法无需投加化学絮凝剂，二次污染低，环境效益较好。它是在污水的一级处理中引入大粒径的污泥絮体，直接利用污泥絮体中的微生物及其代谢产物作为吸附剂和絮凝剂，通过对污染物质的物理吸附、化学吸附和生物吸附和吸收作用，以及吸附架桥、电性中和、沉淀网捕等絮凝作用，将污水中较小的颗粒物质和一部分胶体物质转化为生物絮体的组成部分，并通过絮体沉降作用将其快速去除。

蒋展鹏等人提出的絮凝—沉淀—活化工艺即是一种生物强化，污水在絮凝吸附池与活化污泥进行混合，在絮凝吸附池中污泥絮体可吸附大量污染物质，其处理出水排入沉淀池，沉淀污泥进入污泥活化池进行短时间曝气活化，改善污泥性能后，再回到絮凝吸附池，进行下一轮作用；由于曝气时间短，其能耗远低于二级生物处理工艺。其工艺流程如图 2.17 所示。

图 2.17　絮凝—沉淀—活化一级强化处理工艺流程

这种污泥活化池与活性污泥法中的污泥再生池是有区别的。首先控制参数不同，确定的实验工艺参数为：絮凝吸附池水力停留时间为 30min，沉淀池的沉淀时间为 60min，污泥活化池内溶解氧保持在 2mg/L，活化时间为 120min。而吸附再生法的活性污泥吸附性能依靠再生池来保持，活性污泥将吸附的有机物氧化分解后又恢复了吸附活性，所需的污泥再生时间较长。所得到的污泥的性质也不同。活化污泥的氧化程度相对较低，活性微生物含量较少，污泥吸附性能不如活性污泥，但沉淀性能良好。它对溶解性物质的去除效果较差，主要处理对象是小颗粒悬浮物质和胶体颗粒。

2. 水解酸化一级强化处理工艺

水解酸化也是一种生物一级强化处理的技术。水解酸化工艺就是将厌氧发酵过程控制在水解与酸化阶段。在水解产酸菌的作用下，污水中的非溶解性有机物被水解为溶解性有机物，大分子物质被降解为小分子物质。因此经过水解酸化后，污水的可生化性得到较大提高。

在水解酸化一级强化处理工艺中，用水解池代替初沉池，污水从池底进入，水解池内形成一悬浮厌氧活性污泥层，当污水由下而上通过污泥层时，进水中悬浮物质和胶体物质被厌氧生物絮凝体絮凝，截留在厌氧污泥絮体中。经过水解工艺后，污水 BOD_5 的去除率约为 $30\%\sim40\%$，COD_{Cr} 去除率为 $35\%\sim45\%$，SS 的去除率为 $70\%\sim90\%$。

2.5.4　复合一级强化处理工艺

1. 化学—生物联合絮凝强化一级处理

化学—生物联合絮凝强化一级处理是将化学强化一级处理与生物絮凝强化一级处理相结合达到了既对 SS 和 TP 有较高的去除率，又能较好地去除 COD_{Cr} 和 BOD_5 的目的。工艺流程如图 2.18 所示。

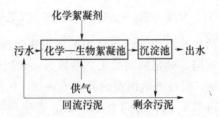

图 2.18　化学—生物联合絮凝强化
一级处理流程图

此方法是以化学强化絮凝沉淀为主，生物絮凝沉淀为辅，在处理过程中取长补短，既可以减少投药量、降低处理成本，又可以减少污泥产生量，在采用空气混合絮凝反应的情况下，处理系统可灵活多变，根据具体情况既可采用化学强化一级处理、生物絮凝吸附强化一级处理，又可采用化学生物联合絮凝强化一级处理，以适应不同时期水质水量的变化。郑兴灿等采用化学—生物絮凝强化一级处理技术对城市污水进行处理研究，研究结果表明：COD_{Cr} 和 BOD_5 去除率高达 80%，SS 去除率为 90%，TP 的去除率为 90%，TN 的去除率为 25%。显然联合强化一级处理比单一强化一级处理去除效果好得多。

2. 微生物—无机絮凝剂强化一级处理

微生物絮凝剂是具有高效絮凝活性的微生物代谢产物，其化学本质主要是糖蛋白、多糖、蛋白质、纤维素和 DNA 等。如 GS7、普鲁兰等都是微生物絮凝剂。微生物—无机絮凝剂强化一级处理技术采用微生物絮凝剂和无机絮凝剂共同作用处理污水。一般该类型微生物絮凝剂多呈负电荷，因此单独作用对城市污水中带负电荷的悬浮物无絮凝效果，其与无机絮凝剂复配使用处理城市污水效果很好。

下面以普鲁兰＋聚合氯化铝处理城市污水为例作一介绍：

普鲁兰＋聚合氯化铝絮凝剂主要用于处理低浓度城市污水，其处理效果接近于常规二级处理。取进水 COD 浓度为 80mg/L 的城市污水进行试验，试验表明，其最佳复配比为 0.6mg/L 普鲁兰＋15mg/L 聚合氯化铝，最佳絮凝动力学条件为同时投加普鲁兰和聚合氯化铝，在 250r/min 的速度下快速搅拌 1min，再以 60r/min 的速度慢速搅拌 10min，相应的 G 值为 $23S^{-1}$，GT 值为 1.4×10^4，最佳沉淀时间为 30min，处理效果见表 2.8。

表 2.8 污 水 处 理 效 果

污染物种类	进水浓度 （mg/L）	出水浓度 （mg/L）	去除率 （％）
COD_{Cr}	80.2	33.4	58.4
NH_3—N	10.7	9.08	15.1
TP	29.28	2.73	90.7

微生物—无机絮凝剂具有处理效果好、投加量少、适用面广、絮体易于分离等优点，而且，由于微生物絮凝剂部分替代了无机絮凝剂，这对改善化学污泥性质，实现污泥处理与处置的无害化和多样化大有裨益。该技术尤其适用于我国南方低浓度城市污水处理。

参考文献

[1]　华东建筑设计研究院．给排水设计手册．北京：中国建筑工业出版社，2004.

[2]　金兆丰，徐竟成．城市污水回用技术手册．北京：化学工业出版社，2004.

[3]　肖锦．城市污水处理及回用技术．北京：化学工业出版社，2002.

[4]　蒋展鹏，尤作亮，师绍琪，等．城市污水强化一级处理新工艺——活化污泥法．中国给水排水，1999，15（12）：1-5.

[5]　郑兴灿，等．化学—生物联合絮凝的污水强化一级处理工艺．中国给水排水，2000，16（7）：29-32.

[6]　田海涛，许兆义．城市污水的复合强化一级处理技术．西南给排水，2003，25（5）：17-19.

第 3 章　生　物　处　理

生物处理又称二级处理，主要作用是去除污水中的胶体和溶解状态的有机物，同时还可以去除部分无机物（氮、磷），由于其二次污染小，运行经济，一直是城市污水处理的主要方法。根据废水中微生物的生存方式，生物处理可分为好氧法和厌氧法；根据微生物的生长方式，又可分为悬浮生长处理和固着生长处理。

3.1　传统活性污泥法

活性污泥法亦称悬浮生长系统，最早出现在上世纪初的英国，以微生物在好氧悬浮生长状态下，对水中有机污染物进行降解，去除水中的 BOD、SS、NH_4^+—N 的生物处理方法，其基本过程如图 3.1 所示。

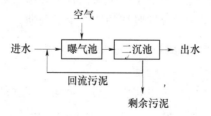

图 3.1　传统活性污泥法流程示意图

3.1.1　活性污泥

活性污泥是由好氧菌为主体的微生物群体形成的絮状绒粒，绒粒直径一般为 0.02～0.2mm，含水率一般为 99.2%～99.8%，密度因含水率不同而有一些差异，一般为 1.002～1.006g/cm³，绒粒状结构使得活性污泥具有较大的比表面积，一般为 20～100cm²/mL。

成熟的活性污泥呈茶褐色，稍具泥土味，具有良好的凝聚沉淀性能，其中含有大量的菌胶团和纤毛虫原生动物，如钟虫、等枝虫、盖纤虫等，并可使 BOD₅ 的去除率达到 90% 左右。因此在污水处理中，一般习惯用活性污泥在混合液中的浓度表示活性污泥微生物量。

在混合液中保持一定浓度的活性污泥，可通过活性污泥适量地从二次沉淀池回流和排放以及在曝气池内增长来实现。

3.1.2　活性污泥处理系统的运行方式

如图 3.1 所示，污水从曝气池一端进入池内，由二次沉淀池回流的回流污泥也同步注入，对曝气反应池的活性微生物量进行调节。污水与回流污泥形成的混合液在池内呈推流形式流动至池的末端，并由此流出池外进入二次沉淀池，在这里处理后的污水与活性污泥分离，并根据曝气池内的需要，将部分污泥回流至曝气池，部分污泥则排出系统，成为剩余污泥。

有机污染物在曝气池内，首先被吸附到菌胶团表面，随着水流的推进，逐步被菌胶团分解代谢，完成污水中有机物的降解过程，同时活性污泥也经历了一个从池首端开始的对数增长、减速增长直到池末端的内源呼吸期的完全生长周期。

3.1.3　重要设计参数和性能指标

1. 活性污泥微生物量的指标

在污水的生物处理过程中，活性污泥浓度（量）可用混合液悬浮固体浓度（Mixed Liquor Suspended Solids）和混合液挥发性悬浮固体浓度（Mixed Liquor Volatile Suspended Solids）来表示，分别简写为 MLSS 和 MLVSS。*MLSS* 表示的是在曝气池单位容积混合液内所含有的活性污泥固体物的总重量，该指标不能精确地表示具有活性的活性污泥量，但由于其测定简便，故常用于活性污泥系统的设计和运行。*MLVSS* 表示的是混合液中有机性固体物质部分的浓度，该指标在精确度方面有所改进，但仍不能精确表示活性污泥微生物量。$MLSS$ 和 $MLVSS$ 都表示活性污泥的相对值，且在一般情况下，对于国内的城市污水，$MLVSS/MLSS \approx 0.75$，而根据欧美等国的相关资料，这个比值可达到 $0.8 \sim 0.9$。

2. 沉降性能

（1）污泥沉降比 SV（Setting Velocity）。污泥沉降比又称 30min 沉降率，是指混合液在 100mL 量筒内静置 30min 后所形成沉淀污泥的容积占原混合液容积的百分比，以百分比计。污泥沉降比能够反映曝气池运行过程的活性污泥量，可用以控制、调节剩余污泥的排放量，还能通过它及时地发现污泥膨胀等异常现象的发生。

（2）污泥容积指数 SVI（Sludge Volume Index）。

$$SVI = \frac{混合液（1L）30min 静沉形成的活性污泥容积（mL）}{混合液（1L）中悬浮固体干重（g）}$$

$$= \frac{SV（mL/L）}{MLSS（g/L）}$$

污泥容积指数是指曝气池出口处的混合液，30min 静沉后，1g 干污泥所形成的沉淀污泥所占有的容积，以 mL 计。SVI 能够反映活性污泥的凝聚、沉降性能，对生活污水及城市污水，此值为 $80 \sim 150$ 之间为宜。SVI 过低，说明泥粒细小，无机质含量高，缺乏活性；SVI 过高，说明污泥的沉降性能不好，并且已有产生膨胀现象的可能。

3. 污泥负荷（N_s）

污泥负荷是指曝气池内单位重量的活性污泥在单位时间内承受的有机质的数量，单位是 $kgBOD_5/(kgMLSS \cdot d)$，一般记为 F/M，常用 N_s 表示。

污泥负荷在 $0.5 \sim 1.5kgBOD_5/(kgMLSS \cdot d)$ 之间时易发生污泥膨胀，因此正常运行的曝气池污泥负荷一般都在 0.5 以下，高负荷曝气池污泥负荷都在 1.5 以上。

4. 容积负荷（N_v）

容积负荷是指单位有效曝气体积在单位时间内承受的有机质的数量，单位是 $kgBOD_5/(m_3 \cdot d)$，一般记为 F/V，常用 N_v 表示。

5. 水力停留时间（HRT）

水力停留时间是水流在处理构筑物内的平均驻留时间，从直观上看，可以用处理构筑物的容积与处理进水量的比值来表示，HRT 的单位一般用 h 表示。

6. 固体停留时间（SRT）

固体停留时间是生物体（污泥）在处理构筑物内的平均驻留时间，即污泥龄。从直观上看，可以用处理构筑物内的污泥总量与剩余污泥排放量的比值来表示，SRT 的单位一般用 d 表示。

就生物处理构筑物而言，HRT 实质上是为保证微生物完成代谢降解有机物所提供的时间；SRT 实质上是为保证微生物能在生物处理系统内增殖并占优势地位且保持足够的生物量所提供的时间。SRT 是活性污泥处理系统设计运行的主要参数。

7. 去除负荷

去除负荷是指曝气池内单位重量的活性污泥在单位时间内去除的有机质的数量，或单位有效曝气池容积在单位时间内去除的有机质的数量，其单位为 $kgBOD/(kgMLVSS \cdot d)$。

8. 污泥回流比

污泥回流比是污泥回流量与曝气池进水量的比值。

9. 剩余污泥

剩余污泥是活性污泥微生物在分解氧化废水中有机物的同时，自身得到繁殖和增殖的结果。为维持生物处理系统的稳定运行，需要保持微生物数量的稳定，即需要及时将新增长的污泥量当做剩余污泥从系统中排放出去。每日排放的剩余污泥量应大致等于污泥每日的增长量，剩余污泥浓度 X_r 与回流污泥浓度相同，其近似值 $X_r = \dfrac{10^6}{SVI}$。

3.1.4 活性污泥法的主要运行模式

作为有较长历史的活性污泥法生物处理系统，在长期的工程实践过程中，根据水质的变化、微生物代谢活性的特点和运行管理、技术经济及排放要求等方面的情况，又发展出多种运行方式和池型，如图 3.2～图 3.9 所示。其中按运行方式，可以分为普通曝气法、渐减曝气法、阶段曝气法、吸附再生法（即接触稳定法）、高速率曝气法等；按池型可分为推流式曝气池、完全混合曝气池；此外按池深、曝气方式及氧源等，又有深水曝气池、深井曝气池、射流曝气池、纯氧（或富氧）曝气池等。

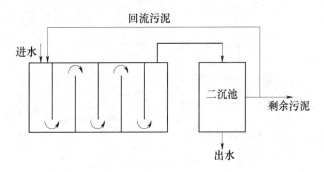

图 3.2　推流式活性污泥法（多廊道）

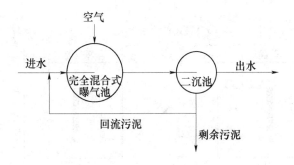

图 3.3　完全混合式活性污泥法

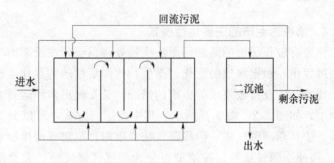

图 3.4　分段式曝气法

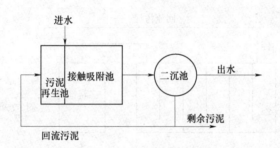

图 3.5　吸附—再生活性污泥法

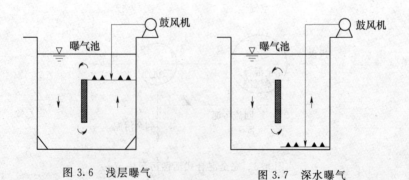

图 3.6　浅层曝气　　　　　图 3.7　深水曝气

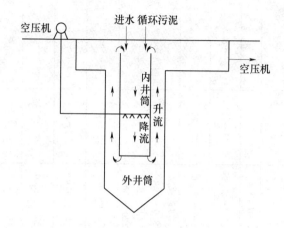

图 3.8 深井曝气

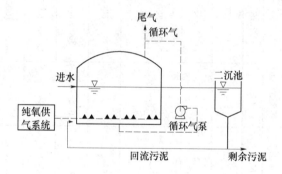

图 3.9 纯氧曝气

以上工艺流程的主要参数列于表 3.1 中。

3.1.5 曝气设备

1. 曝气类型

曝气类型大体分为两类：一类是鼓风曝气，另一类为机械曝气。

（1）鼓风曝气。

鼓风曝气是指采用曝气器—扩散板或扩散管在水中引入气泡的曝气方式。鼓风曝气通常由鼓风机、曝气器、空气输送管道等组成。

表 3.1　活性污泥工艺的主要设计参数

序号	活性污泥运行方式 表示符号	BOD—SS负荷 [kgBOD$_5$/(m³·d)] N_s	BOD—容积负荷 [kgBOD$_5$/(m³·d)] N_v	生物固体停留时间（污泥龄）(d) SRT	混合液悬浮固体浓度 (mg/L) $MLSS$	$MLVSS$	污泥回流比 (%) R	曝气时间 (h) t
1	传统活性污泥法	0.2～0.4	0.4～0.9	5～15	1500～3000	1500～2500	25～75	4～8
2	阶段曝气活性污泥法	0.2～0.4	0.4～1.2	5～15	2000～3500	1500～2500	25～95	3～5
3	吸附—再生活性污泥法	0.2～0.4	0.9～1.8	5～15	吸附池 1000～3000 再生池 4000～10000	吸附池 800～2400 再生池 3200～8000	50～100	吸附池 0.5～1.0 再生池 3.0～6.0
4	延时曝气活性污泥法	0.05～0.1	0.15～0.3	20～30	3000～6000	2500～5000	60～200	20～36～48
5	高负荷活性污泥法	1.5～3.0	1.2～2.4	0.2～2.5	200～500	160～400	10～30	1.5～3.0
6	合建式完全混合活性污泥法	0.25～0.5	0.5～1.8	5～15	3000～6000	2000～4000	100～400	—
7	深井曝气活性污泥法	1.0～1.2	5.0～10.0	5	5000～10000	—	50～150	＞0.5
8	纯氧曝气活性污泥法	0.4～0.8	2.0～3.2	5～15				

鼓风曝气系统用鼓风机供应压缩空气，常用的有罗茨鼓风机和离心式鼓风机。

离心式鼓风机的特点是空气量容易控制，只要调节出气管上的阀门即可；如果把电动机上的安培表改用流量刻度，调节更为方便。但鼓风机噪音很大，空气管上应安装消声器。

鼓风曝气系统的空气扩散装置主要分为微气泡、中气泡、大气泡、水力剪切、水力冲击及空气升液等类型。

1) 微气泡曝气器。

这一类扩散装置的主要性能特点是产生微小气泡，气、液接触面大，氧利用率较高，一般都可达 10% 以上；其缺点是气压损失较大，易堵塞，送入的空气应预先通过过滤处理。具体的曝气器形式见图 3.10。

2) 中气泡曝气器。

应用较为广泛的中气泡空气扩散装置是穿孔管，由管径介于 25～50mm 之间的钢管或塑料管制成，由计算确定，在管壁两侧向下相隔 45°，留有直径为 3～5mm 的孔眼或隙缝，间距 50～100mm，空气由孔眼溢出。

这种扩散装置构造简单，不易堵塞，阻力小；但氧的利用率较低，只有 4%～6% 左右，动力效率亦低，约 $1kgO_2/(kW \cdot h)$。因此目前在活性污泥曝气中较少采用，而在接触氧化工艺中较为常用。

3) 水力剪切型曝气器。

包括倒伞形曝气器和固定空气螺旋形曝气器，见图 3.11 和图 3.12。

4) 水力冲击式曝气器，如图 3.13 所示。

(2) 机械曝气。

机械曝气是指利用叶轮等器械引入气泡的曝气方式。机械曝气器按传动轴的安装方向有竖轴（纵轴）式和卧轴（横轴）式之分，按淹没程度有表面曝气和淹没曝气之分。

1) 竖轴式机械曝气器。

竖轴式机械曝气器又称竖轴叶轮曝气机,在我国应用比较广泛。常用的有泵型、K形、倒伞形和平板形等4种,如图3.14~图3.17所示。

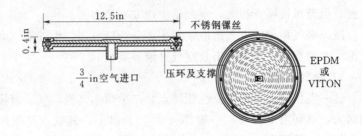

(a)固定式平板曝气器

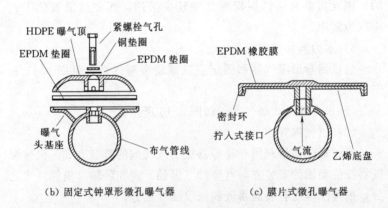

(b) 固定式钟罩形微孔曝气器   (c) 膜片式微孔曝气器

图 3.10(一) 微气泡曝气器

(d)微气泡空气扩散管

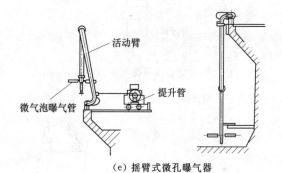

（e）摇臂式微孔曝气器

图 3.10（二） 微气泡曝气器

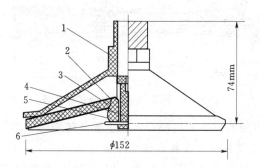

图 3.11 塑料倒伞形曝气器

1—盆形塑料壳体；2—橡胶板；3—密封圈；

4—塑料螺杆；5—塑料螺母；

6—不锈钢开口销

2）卧轴式机械曝气器。

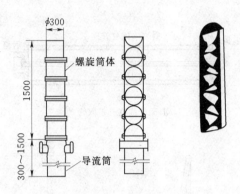

图 3.12 固定螺旋空气曝气器（单位：mm）

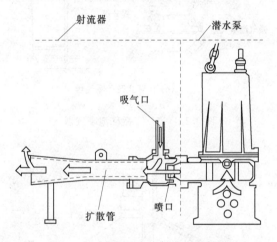

图 3.13 BER 型水下射流式曝气器

目前应用的卧轴式机械曝气器主要是转刷曝气器。

2. 曝气设备的主要技术性能指标

（1）动力效率（EP）：是指每消耗 1kW 电能转移到混合液中的氧量，以 $kg/(kW \cdot h)$ 计。

（2）氧的利用效率（EA）：是通过鼓风曝气转移到混合液的氧量占总供氧量的百分比（％）。

（3）氧的转移效率（EL）：也称充氧能力，是通过机械曝气装置，在单位时间内转移到混合液中的氧量，以 kg/h 计。

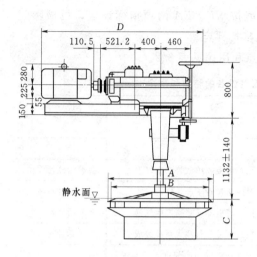

图 3.14 PE12A 泵型叶轮曝气器
（单位：mm）

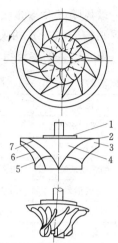

图 3.15 K 形叶轮
曝气器

1—法兰；2—盖板；3—叶片；
4—后轮盘；5—后流线；
6—中流线；7—前流线

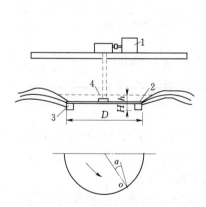

图 3.16 平板型叶轮曝气器构造
1—驱动装置；2—进气孔；3—叶片；4—停
转时水位线；H—叶片高度；A—叶轮
浸没深度；D—叶轮直径

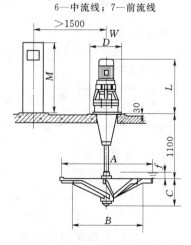

图 3.17 DY 形倒伞形叶轮
表面曝气器（单位：mm）

鼓风曝气设备的性能按 EP、EA 两项指标评定，机械曝气装置则按 EP、EL 两项指标评定。

曝气设备的主要特点和用途见表 3.2。

表 3. 2　　　　曝气设备的特点和用途

设备	特　　点	用　　途
1. 淹没式曝气器		
鼓风机		
细气泡系统	用多孔扩散板或扩散管产生气泡	各种活性污泥法
中等气泡系统	用塑料或布包管子产生气泡	各种活性污泥法
粗气泡系统	用孔口、喷射器或喷嘴产生气泡	各种活性污泥法
叶轮分布器	由叶轮及压缩空气注入系统组成	各种活性污泥法
静态管式混合器	竖管中设挡板以使底部进入的空气与水混合	各种活性污泥法
射流式	压缩空气与带压力的混合液在射流设备中混合	各种活性污泥法
2. 表面曝气器		
低速叶轮曝气器	用大直径叶轮在空气中搅起水底并卷入空气	常规活性污泥法
高速浮式曝气器	用小直径叶桨在空气中搅起水底并卷入空气	
转刷式曝气器	桨板通过在水中旋转促进水的循环并曝气	氧化沟、渠道曝气

3. 1. 6　工艺设计

污水处理工艺流程的选择主要依据污水水量、水质及其变化规律，对污泥的处理要求，以及对出水水质的要求来确定，其中出水水质的要求对工艺流程的选择影响最大。

活性污泥系统由曝气池、二次沉淀池及污泥回流设备等组成。其工艺计算与设计主要包括以下五方面内容：

（1）工艺流程的选择。

（2）曝气池的设计计算。

（3）曝气系统的设计计算。

（4）二次沉淀池的设计计算。

（5）污泥回流系统的设计计算。

在设计活性污泥系统时主要考虑以下内容：

（1）污泥负荷或容积负荷。

（2）污泥产量。

（3）需氧量和氧的传质。

（4）营养物的需求。

（5）丝状微生物的控制。

（6）进、出水水质。

在进行曝气池容积的计算时，应在一定范围内合理地确定污泥负荷（N_s）和污泥浓度（X）值，此外，还应同时考虑处理效率、污泥容积指数（SVI）和污泥龄（生物固体平均停留时间）等参数。

3.2　城市污水厌氧处理工艺

厌氧生物处理是在厌氧条件下，利用厌氧微生物将污水或污泥中的有机物分解并生成甲烷和二氧化碳等最终产物的过程。厌氧生物处理适用于含高浓度有机工业废水的城市污水和好氧生物处理后的污泥消化，基本方法可以分为厌氧活性污泥法（包括厌氧消化池、厌氧接触消化、厌氧污泥床等）和厌氧生物膜法（包括厌氧生物滤池、厌氧流化床和厌氧生物转盘等）两大类。

3.2.1　厌氧反应器的分类

目前所用的厌氧反应器主要分为 7 种类型，如图 3.18 所示，它们是：

（1）普通厌氧消化池。

（2）厌氧接触反应器。

（3）升流式厌氧污泥床（UASB）反应器。

（4）厌氧滤床。

（5）厌氧流化床反应器。

（6）厌氧生物转盘。

（7）其他，如厌氧混合反应器和厌氧折流板反应器。

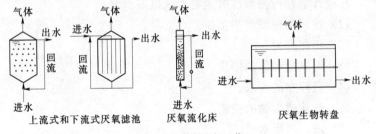

（a）厌氧接触生长工艺

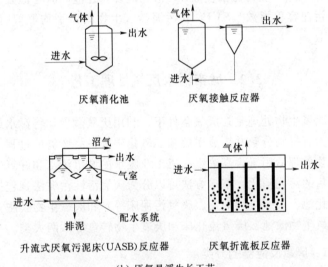

（b）厌氧悬浮生长工艺

图 3.18 常见的厌氧反应器

3.2.2 第一代厌氧消化工艺

（1）厌氧消化池。

厌氧消化池的形式见图 3.18，污水或污泥定期或连续加入

54

消化池，经消化的污泥和污水分别从消化池底部和上部排出，所产的沼气从顶部排出。在进行中温和高温发酵时，常需加热发酵料液。一般采用在池外设热交换器的方法间接加热或采用蒸汽直接加热。普通消化池的特点是在一个池内实现厌氧发酵反应过程和液体与污泥的分离过程。通常是间断进料，也有采用连续进料方式的。为了使进料和厌氧污泥密切接触而设有搅拌装置，一般情况下每隔 2～4h 搅拌一次。在排放消化液时，通常停止搅拌，待沉淀分离后从上部排出上清液。目前，消化工艺被广泛地应用于城市污水和污泥的处理上。

（2）厌氧接触反应器。

厌氧接触工艺的反应器是完全混合的，见图 3.18，消化池排出的混合液在沉淀池中进行固液分离。污水由沉淀池上部排出，沉淀池下部的污泥回流至消化池，这样做既保证污泥不会流失，又可提高消化池内的污泥浓度，从而在一定程度上提高了设备的有机负荷率和处理效率。与普通消化池相比，它的水力停留时间可以大大缩短。厌氧接触工艺已在我国成功地应用于酒精糟液的处理上。

3.2.3　第二代厌氧消化工艺

（1）厌氧滤池。

厌氧滤池（AF）是在反应器内充填各种类型的固体填料，如卵石、炉渣、瓷环、塑料等来处理有机废水。废水向上流动通过反应器的厌氧滤池称为升流式厌氧滤池；当有机物的浓度和性质适宜时采用的有机负荷可高达 $10～20kgCOD/(m^3 \cdot d)$，另外还有下向流厌氧滤池，见图 3.18。污水在流动过程中保持与厌氧细菌的填料相接触；因为细菌生长在填料上，不随出水流失，因此在短的水力停留时间下可取得长的污泥龄，平均细胞停留时间可长达 100d 以上。厌氧滤池的缺点是载体相当昂贵，据估计载体的价格与构筑物价格相当，如果采用的填料不当，在污水中悬浮物较多的情况下，还容易发生堵塞和短路，这是 AF 工艺不能迅速推广的原因。

（2）升流式厌氧污泥床反应器（UASB）。

待处理的废水被引入 UASB 反应器（图 3.18）的底部，向上流过由絮状或颗粒状污泥组成的污泥床。随着污水与污泥相接触而发生厌氧反应，产生沼气（主要是甲烷和二氧化碳）引起污泥床扰动。在污泥床产生的气体中有一部分附着在污泥颗粒上。当污泥颗粒上升撞击到脱气挡板底部时，附着的气泡释放；脱气后的污泥颗粒沉淀回到污泥层的表面。自由气体和从污泥颗粒释放的气体被收集在反应器顶部的集气室内。液体中包含一些剩余的固体物和生物颗粒进入到反应器上部的沉淀室内，剩余固体和生物颗粒从液体中分离并通过反射板落回到污泥层的上面。

（3）厌氧流化床和厌氧固定膜膨胀床系统。

厌氧流化床（AFB）系统是一种具有很大比表面积的惰性载体颗粒的反应器，厌氧微生物在载体上附着生长，见图 3.18。一部分出水回流，使载体颗粒在整个反应器内处于流化状态。最初采用的颗粒载体是沙子，但随后采用低密度载体如煤和塑料物质以降低所需的液体上升流速，从而减少提升费用。由于流化床使用了比表面积很大的填料，使得厌氧微生物浓度增加。根据流速大小和颗粒膨胀程度可分成膨胀床和流化床。流化床一般按 20%～40% 的膨胀率运行，膨胀床运行流速一般控制在比初始流化速度略高的水平，相应的膨胀率为 5%～20%。

厌氧固定膜膨胀床（AAFEB）反应器工艺流程近似于厌氧流化床反应器，但其反应器床仅膨胀 10%～20%。由于载体质量较大，为便于介质颗粒流化和膨胀需要大量的回流，这增加了运行过程的能耗；并且其三相分离特别是固液分离比较困难，要求较高的运行和设计水平。

（4）厌氧生物转盘反应器。

厌氧生物转盘是与好氧生物转盘相类似的装置，见图 3.18。在这种反应器中，微生物附着在惰性（塑料）介质的转盘上。转盘可部分或全部浸没在废水中，转盘在废水中转动时，可适当限制生物膜的厚度。剩余污泥和处理后的水从反应器排除。

（5）厌氧折流板反应器。

厌氧折流板反应器结构如图 3.18 所示。由于折板的阻隔使污水上下折流穿过污泥层，造成了反应器推流的性质，并且每一单元相当于一个单独的反应器，各单元中微生物种群分布不同，可以取得好的处理效果。

3.2.4 第三代厌氧工艺

厌氧颗粒污泥膨胀床（EGSB）反应器实际上是改进的 UASB 反应器，其运行在高的上升流速下使颗粒污泥处于悬浮状态，从而保持了进水与污泥颗粒的充分接触。EGSB 反应器的特点是颗粒污泥床通过采用高的上升流速（与小于 $1\sim2m/h$ 的 UASB 反应器相比），即 $6\sim12m/h$，运行在膨胀状态。EGSB 的概念特别适于低温和相对低浓度污水，当沼气产率低、混合强度低时，较高的进水动能和颗粒污泥床的膨胀高度将获得比"通常的" UASB 反应器好的运行结果。EGSB 反应器由于采用高的上升流速因而不适于颗粒有机物的去除，进水悬浮固体流过颗粒污泥床并随出水离开反应器，胶体物质被污泥絮体吸附而部分去除。下面是两种不同类型的 EGSB 反应器。

（1）厌氧内循环反应器（IC）。

IC 工艺是基于 UASB 反应器颗粒化和三相分离器的概念而改进的新型反应器，属于 EGSB 的一种。IC 可以看成是由两个 UASB 反应器的单元相互重叠而成。它的特点是在一个高的反应器内将沼气的分离分两个阶段。底部一个处于极端的高负荷，上部一个处于低负荷。

（2）厌氧升流式流化床工艺（UFB—BIOBED）。

厌氧升流式流化床工艺，在其设计的生产性流化床装置上，由于强烈的水力和气体剪切作用，形成载体的生物膜脱落十分厉害，无法保持生物膜的生长。从而，在运行过程中形成了厌氧颗粒污泥，将厌氧流化床转变为 EGSB 运行形式。UFB 是其商品名称，在文献和样本上有时该公司也称其为 EGSB 反应器，这从另一方面给出了厌氧流化床不成功的例子，因此它是 EGSB

反应器的一种。它可以在极高的水、气上升流速（两者都可达到5～7m/h）下产生和保持颗粒污泥，所以不需采用载体物质。由于高的液体和气体的上升流速造成了进水和污泥之间的良好混合状态，因此系统可以采用 15～30kgCOD/(m³·d) 的高负荷。

3.2.5 其他改进工艺

（1）厌氧复合床反应器（UASB＋AF）。

许多研究者为了充分发挥升流式厌氧污泥床与厌氧滤池的优点，采用了将两种工艺相结合的反应器结构，被称为复合床反应器（UASB＋AF），也称为 UBF 反应器。复合床反应器的结构见图 3.19，一般是将厌氧滤池置于污泥床反应器的上部。一般认为这种结构可发挥 AF 和 UASB 反应器的优点，改善运行效果。

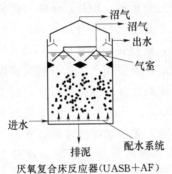

厌氧复合床反应器(UASB+AF)

图 3.19　厌氧复合床反应器
（UASB＋AF）

（2）水解工艺和两阶段厌氧消化（水解＋EGSB）工艺。

在以往的研究中发现采用水解池 HUSB 反应器，可以在短的停留时间（$HRT＝2.5h$）和相对高的水力负荷 [＞1m³/(m²·h)] 下获得高的悬浮物去除率（SS 去除率平均为 85%）。这一工艺可以改善和提高原污水的可生化性和溶解性，有利于好氧后处理工艺。但是，工艺的 COD 去除率相对较低，仅有 40%～50%，并且溶解性 COD 的去除率很低。事实上 HUSB 工艺仅仅能够起到预水解和酸化作用。如前所述 EGSB 反应器可以有效地去除可生物降解的溶解性 COD 组分，但对于悬浮性 COD 的去除极差。研究表明采用水解 HUSB＋EGSB 串联处理工艺可以使这两个工艺相得益彰。

采用两级厌氧工艺处理含颗粒性有机物组分的生活污水时，可能更有优势：第一级是絮状污泥的水解反应器并运行在相对低的上升流速下，颗粒有机物在第一级被截留，并部分转变为溶解性化合物，重新进入到液相而在随后的第二个反应器内消化。在水解反应器中，因为环境和运行条件不适合，几乎没有甲烷化过程。

（3）微氧后处理工艺（MUSB 反应器）。

微氧反应器的微氧条件是采用慢速搅拌缓慢充氧来维持的，出水没有任何恶臭，微氧活性污泥沉降性能好。当城市污水采用厌氧处理后接微氧处理工艺，可以在 1～2d 内甚至更短的时间内去除。对已经存在生物稳定塘的情况，在后处理中采用微氧工艺是有利的。不仅技术简单，而且具有经济优势，适合我国国情。

采用微氧升流式污泥床工艺（MUSB），水力停留时间（HRT）为 1.0h，污水从反应器的底部进入，通过水力混合和最低程度的曝气（气水比为 1∶1），使污泥床保持悬浮并处于微氧条件。当厌氧处理后采用 MUSB 等微氧工艺时，由于厌氧出水中残余有机物大部分是胶体物，其可生化降解性差，故一般在微氧处理工艺中同时投加少量的 $Al_2(SO_4)_3$ 等混凝剂，强化微氧生化工艺使出水水质得到改善。

3.3　A/O 和 A$_2$/O 工艺

3.3.1　A/O 工艺

A/O 工艺是缺氧/好氧（Anoxic/Oxic）工艺或厌氧/好氧（Anaerobic/Oxic）工艺的简称，通常是在常规的好氧活性污泥法处理系统前，增加一段缺氧生物处理过程或厌氧生物处理过程。在好氧段，好氧微生物氧化分解污水中的 BOD_5，同时进行硝化或吸收磷。如果前边配的是缺氧段，有机氮和氨氮在好氧段转化为硝化氮并回流到缺氧段，其中的反硝化细菌利用氧化态氮和污水中的有机碳进行反硝化反应，使化合态氮变为分子态氮，获得同时去碳和脱氮的效果。如果前边配的是厌氧段，在好氧段吸收磷后的活性污泥部分以剩余污泥形式排出系统，部分回流到厌氧段将磷释放出来，并再随水流进入到好氧段吸收磷，如此循环。因此，缺氧/好氧（Anoxic/Oxic）法又被称为生物脱氮系统，被写作 A_1/O；而厌氧/好氧（Anaerobic/Oxic）法又被称为生物除磷系统，被写作 A_2/O。

3.3.2　A/O工艺的特点

（1）A/O系统可以同时去除污水中的 BOD_5 和氨氮，适用于处理氨氮和 BOD_5 含量均较高的污水。

（2）因为硝酸菌是一种自养菌，为抑制生长速率高的异养菌，使硝化段内硝酸菌占优势，要设法保证硝化段内有机物浓度不能过高，一般要控制 BOD_5 小于 20mg/L。

（3）硝化过程中消耗的氧，可以在反硝化过程中被回收利用，并氧化一部分 BOD_5。

（4）当污水中氨氮含量较高，BOD_5 值较低时，可以用外加碳源的方法实现脱氮。一般 BOD_5 与硝态氮的比值小于3时，就需要另加碳源。外加碳源多采用甲醇，每反硝化1g硝态氮，约需消耗2g甲醇。

（5）硝化过程消耗水中的碱度，为保证硝化过程的顺利进行，当除碳后的污水中碱度低于30mg/L时，可以采用向污水中投加石灰的方法提高碱度。硝化1g氨氮，要消耗7.14g碱度，即要投加5.4g以上的熟石灰，才能维持污水原来的碱度。

（6）硝酸菌繁殖较慢，只有当曝气时间较长、曝气池泥龄较长时，才会有利于硝酸菌的积累，出现硝化作用。泥龄一般要超过10d。

（7）A_2/O 法除磷时，运行负荷较高，泥龄和停留时间短。一般 A_2/O 法厌氧段的停留时间为 $0.5\sim1.0h$，好氧段的停留时间为 $1.5\sim2.5h$，$MLSS$ 为 $2\sim4g/L$。由于此时泥龄短，废水中的氮往往得不到硝化，因此回流污泥中就不会携带硝酸盐回到厌氧区。

3.3.3 A₁/O 工艺流程及设计参数（图 3.20）

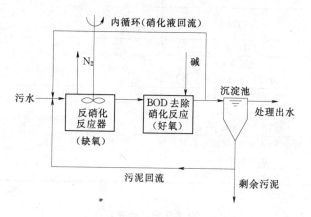

图 3.20 A₁/O 工艺流程

1. 设计要点

设计时所采用的硝化液和反硝化液的反应温度常数应取冬季水温时的数值。

（1）硝化工况。

1）好氧池出口溶解氧在 1～2mg/L 以上。

2）适宜温度为 20～30℃，最低水温应大于 13℃，低于 13℃硝化速度明显降低。

3）总凯氏氮 TKN 负荷小于 0.05kg TKN/(kgMLSS·d)。

4）pH＝8.0～8.4。

（2）反硝化工况。

1）溶解氧趋近于零。

2）生化反应池进水溶解性 BOD 浓度与硝态氮浓度之比应在 4 以上。

2. 设计参数与计算公式

A₁/O 工艺设计参数如表 3.3 所示。A₁/O 工艺设计计算公式如表 3.4 所示。

表 3.3　　　　　　　　　　　　A₁/O 工艺设计参数

序号	项　　目	数　　值
1	HRT(h)	A 段：$0.5 \sim 1.0 (\leqslant 2.0)$； O 段：$2.5 \sim 6$；A：O$=1:(3 \sim 4)$
2	SRT(d)	>10
3	污泥负荷 N_s〔kgBOD₅/(kgMLSS·d)〕	$0.1 \sim 0.7 (\leqslant 0.18)$
4	污泥浓度 X(mg/L)	$2000 \sim 5000 (\geqslant 3000)$
5	总氮负荷率 〔kgTN/(kgMLSS·d)〕	$\leqslant 0.05$
6	混合液(硝化液)回流比 I(%)	$200 \sim 500$
7	污泥回流比 R(%)	$50 \sim 100$
8	反硝化池 S—BOD₅/NO$_x$—N	$\geqslant 4$

注 ( ) 内数值供参考。

表 3.4　　　　　　　　　　　　A₁/O 工艺设计计算公式

序号	项目	公式	主要符号说明
1	生化反应池 总容积 V(m³)	$V=$ $24Q'L_0/(N_sX)$	Q'—污水设计流量，m³/d
2	水力停留 时间 HRT(h)	$HRT=Q/V$	L_0—生物反应池进水 BOD₅ 浓度，kg/m³ L_r—生物反应池去除 BOD₅ 浓度，kg/m³
3	剩余污泥量 W(kg/d)	$W=aQL_r$ $-bVX_v+S_rQ$ $\times 50\%$	N_s—BOD 污泥负荷，kgBOD₅/(kgMLSS·d) X—污泥浓度，kg/m³
4	湿污泥量 Q_s(m³/d)	$Q_s=W/$ 〔$1000(1-P)$〕	a—污泥产率系数，kg/kgBOD₅，$0.5 \sim 0.7$ b—污泥自身氧化速率，d，0.5 Q—平均日污水流量，m³/d
5	污泥龄 SRT(d)	$SRT=VN_v/W$	X_v—挥发性悬浮固体浓度，$X_v=fX$ f—系数，一般为 0.75
6	需氧量 O_2(kg/h)	$O_2=$ $a'QL_r+b'N_r$ $-b'ND-c'X_w$	P—污泥含水率，% $a'=1.47$；$b'=4.6$；$c'=1.42$ N_r—氨氮去除量，kg/m³
7	回流污泥 浓度 X_r(kg/h)	$X_r=10^6/SVI$	ND—硝态氮去除量，kg/m³ W—剩余污泥量，kg/d
8	曝气池混合液 浓度 X(kg/h)	$X=$ $X_rR/(1+R)$	X_w—剩余活性污泥量，kg/d R—污泥回流比，%
9	混合液(硝化液) 回流比 I(%)	$I=\eta rN/$ $(1-\eta rN)$ $\times 100\%$	ηrN—总氮去除率，% I—混合液回流比

3. 反应池的容积计算

较为实际的计算方法是缺氧—好氧生化反应池容积与普通活性污泥法一样，按 BOD 污泥负荷率计算，公式同普通法，缺氧、好氧各段的容积比为 1：(3～4)。

3.3.4 A₂/O 工艺流程及设计参数（图 3.21）

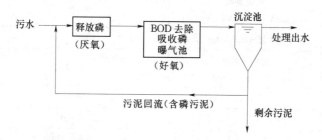

图 3.21 A₂/O 工艺流程

1. 设计要点

(1) 在厌氧池中必须严格控制厌氧条件，使其既无分子态氧，也无 NO_3^- 等化合态氧，以保证聚磷菌吸收有机物并释放磷。好氧池中，要保证 DO 不低于 2mg/L，以供给充足的氧，保持好氧状态，维持微生物对有机物的好氧生化分解，并有效吸收污水中的磷。

(2) 污水中的 BOD_5/TP 比值应大于 20～30，否则其除磷效果将下降，聚磷菌对磷的释放和摄取在很大程度上取决于起诱导作用的有机物。

(3) 污水中的 COD/TKN≥10，否则 NO_3-N 浓度必须≤2mg/L，才不会影响除磷效果。

(4) 泥龄短对除磷有利，一般为 3.5～7d。

(5) 水温在 5～30℃。

(6) pH=6～8。

(7) BOD 污泥负荷 N_s>0.1kgBOD₅/(kgMLSS·d)。

2. 设计参数

A₂/O 工艺设计参数如表 3.5 所示。

表 3.5 A_2/O 工艺设计参数

序号	项 目	数 值
1	$HRT(h)$	A_2 段：$1\sim2(\leqslant2.0)$； O 段：$2\sim4$；A_2：$O=1$：$(2\sim3)$
2	$SRT(d)$	$3.5\sim7(5\sim10)$
3	污泥负荷 $N_s[kgBOD_5/(kgMLSS\cdot d)]$	$0.5\sim0.7$
4	污泥浓度 $MLSS(mg/L)$	$2000\sim4000$
5	总氮负荷率 $[kgTN/(kgMLSS\cdot d)]$	0.05
6	污泥指数 SVI	$\leqslant100$
7	污泥回流比 $R(\%)$	$40\sim100$
8	$DO(mg/L)$	A_2 段≈0；O 段$=2$

注 （ ）内数值供参考。

3. 计算公式

（1）曝气池容积计算公式：同 A_1/O 法，并按 A_2：$O=1$：$(2\sim3)$，求定 A_2、O 段的容积，A_2 段 HRT 一般取 1h 左右。

（2）剩余污泥龄计算公式：同 A_1/O 法。

（3）需氧量 $O_2(kg/d)$ 及曝气系统其他计算均与普通活性污泥法相同。

3.3.5 A_2/O 工艺（图 3.22）

A_2/O 工艺，又称 A-A-O 工艺，是厌氧/缺氧/好氧（Anaerobic/Anoxic/Oxic）工艺的简称，其实是在缺氧/好氧（A/O）法基础上增加了前面的厌氧段，具有同时脱氮和除磷的功能。

A_2/O 工艺具有如下特点：

（1）厌氧、缺氧、好氧 3 种不同的环境条件和不同种类微生物菌群的有机配合，使系统具有同时去除有机物和脱氮除磷的功能。

（2）在同时脱氮除磷去除有机物的工艺中，该工艺流程最为

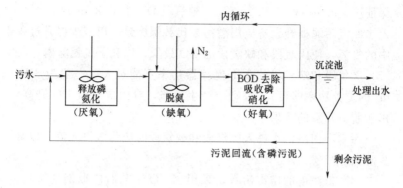

图 3.22　A₂/O 工艺流程

简单，总的水力停留时间也少于同类其他工艺。

（3）在厌氧—缺氧—好氧交替运行下，丝状菌不会大量繁殖，*SVI* 一般小于 100，不会发生污泥膨胀。

（4）污泥中磷含量高，一般为 2.5％以上。

（5）脱氮效果受混合液回流比大小的影响，除磷效果受回流污泥中夹带 DO 和硝酸态氧的影响，因而脱氮除磷效率不可能很高。

3.3.6 A₂/O 工艺设计要点及设计参数

1. 设计要点

（1）污水中可生物降解有机物对脱氮除磷的影响。

厌氧段进水溶解性磷与溶解性 BOD_5 之比应小于 0.06，才会有较好的除磷效果。污水中 COD/TKN 大于 8 时，氮的总去除率可达 80％。COD/TKN 小于 7 时，则不宜采用生物脱氮。

（2）污泥龄。

在 A₂/O 工艺中泥龄受硝化菌世代时间和除磷工艺两方面影响。权衡这两个方面，A₂/O 工艺的污泥龄一般为 15～20d。

（3）溶解氧。

好氧段的 DO 应为 2mg/L 左右，太高太低都不利。对于厌氧段和缺氧段，则 DO 越低越好，但由于回流和进水的影响，应保证厌氧段 DO 小于 0.2mg/L，缺氧段 DO 小于 0.5mg/L。

回流污泥提升设备应用潜污泵代替螺旋泵，以减少提升过程中的复氧，使厌氧段和缺氧段的 DO 最低，以利于脱氮除磷。

厌氧段和缺氧段的水下搅拌器功率不能过大（一般为 3W/m³ 的搅拌功率即可），否则会产生涡流，导致混合液 DO 升高，影响脱氮除磷的效果。

污水和回流污水进入厌氧段和缺氧段时应为淹没入流，以减少复氧。

（4）低浓度的城市污水，采用 A_2/O 工艺时应取消初沉池，使原污水经沉砂池后直接进入厌氧段，以便保持厌氧段 C/N 比较高，有利于脱氮除磷。

（5）硝化的总凯氏氮（TKN）的污泥负荷率应小于 0.05kgTKN/(kgMLSS·d)，反硝化进水溶解性的 BOD_5 浓度与硝酸态氮浓度之比应大于 4。

（6）沉淀池要防止发生厌氧、缺氧状态，以避免聚磷菌释放磷而降低出水质和反硝化产生 N_2 而干扰沉淀。

（7）水温 13～18℃，污染物质去除率较稳定，一般不宜超过 30℃。

2. A_2/O 工艺设计参数

A_2/O 工艺设计参数如表 3.6 所示。

表 3.6 A_2/O 工 艺 设 计 参 数

序号	项 目	数 值
1	HRT(h)	6～8；厌氧段∶缺氧段∶好氧段 =1∶1∶(3～4)
2	SRT(d)	15～20(20～30)
3	污泥负荷 N_s[kgBOD$_5$/(kgMLSS·d)]	0.15～0.2(0.15～0.7)
4	污泥浓度 $MLSS$(mg/L)	2000～4000(3000～5000)
5	总氮负荷率 [kgTN/(kgMLSS·d)]	<0.05

续表

序号	项 目	数 值
6	总磷负荷率 [kgTP/(kgMLSS·d)]	0.003～0.006
7	混合液(硝化液)回流比 $I(\%)$	≥200(200～300)
8	污泥回流比 $R(\%)$	25～100
9	DO（mg/L）	好氧段2；缺氧段≤0.5；厌氧段<0.2

3.4 AB 工 艺

3.4.1 AB 工艺及其特点

AB工艺（Adsorption Biodegradation）是吸附—生物降解工艺的简称，由以吸附作用为主的 A 段和以生物降解作用为主的 B 段组成，是在常规活性污泥法和两段活性污泥法基础上发展起来的一种污水处理工艺，如图 3.23 所示。A 段负荷较高，有利于增殖速度快的微生物繁殖，在此成活的只能是耐冲击负荷能力强的原核细菌，其他世代较长的微生物都不能存活。A 段污泥浓度高、剩余污泥产率大，吸附能力强，污水中的重金属、难降解有机物及氮磷等植物性营养物质都可以在 A 段通过污泥吸附去除。A 段对有机物的去除主要靠污泥絮体的吸附作用，以物理化学作用为主，因此 A 段对有毒物质、pH 值、负荷和温度的变化有一定的适应性。

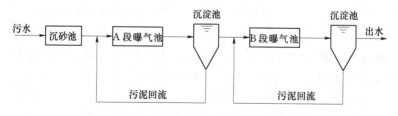

图 3.23 AB 法典型工艺流程

一般 A 段的污泥负荷可高达 $2\sim6$ kg BOD_5/(kgMLSS·d)，是传统活性污泥法的 $10\sim20$ 倍，而水力停留时间和泥龄都很短（分别只有 0.5h 和 0.5d 左右），溶解氧只要 0.5mg/L 左右即可；污水经 A 段处理后，水质水量都比较稳定，可生化性也有所提高，有利于 B 段的工作，B 段生物降解作用得到充分发挥。B 段的运行和传统活性污泥法相近，污泥负荷为 $0.15\sim0.3$ kg BOD_5/(kgMLSS·d) 左右，泥龄为 $15\sim20$ d，溶解氧 $1\sim2$ mg/L 左右。在考虑脱氮除磷设计时，一般情况下应保证 B 段进水的 BOD_5/TN 比值 $\geqslant4$。对 BOD_5/TN 值在 3 左右的污水来说，设置 A 段对生物脱氮除磷不利。另外，由于 AB 工艺产泥量大，合理解决污泥处置问题，也是 AB 工艺成功推广应用的关键因素之一。

3.4.2 工艺设计参数

1. 设计流量

AB 工艺中的 A 段是该工艺的设计关键。由于 A 段水力停留时间较短，通常在 1.0h 之内，因此进水水量的变化将对其产生较大的影响。对于分流制排水管网，A 段曝气池与中间沉淀池设计流量应按最大时流量（即平均流量乘以总变化系数 K_z）计算；对于合流制排水管网，设计流量应为旱季最大流量。由于 B 段的水力停留时间相对较长，一般 HRT 均超过 5.0h 以上，且 B 段处于 A 段之后，有一定的缓冲余地，因此 B 段曝气池的流量设计可按平均流量设计或适当考虑系统的变化系数。

AB 工艺中的二沉池设计是否合理，也是保证污水处理厂出水达标的重要环节，良好的泥、水分离效果是出水水质达到设计要求的关键。因此二沉池的设计一般应按最不利情况考虑。同 A 段的设计流量一样，对于分流制排水系统，二沉池按最大时流量设计；但对于合流制排水系统，设计流量应取雨季最大流量（即平均流量与平均流量乘以截流倍数 n 的两项之和）。

2. A 段曝气池设计

(1) 污泥负荷。

由于 AB 工艺中的 A 段为高负荷区，设计中污泥负荷在 2～6kgBOD$_5$/(kgMLSS·d) 之间，但实际运行中，由于进水水质水量通常为变动状态，因此 A 段的污泥负荷瞬时波动是较大的，所以设计污泥负荷值不宜选取过高，通常取 3～5kgBOD$_5$/(kgMLSS·d) 为宜。污泥负荷过高不利于进水微生物的适应及生长，而负荷太低也不利于固、液的分离。

(2) 污泥浓度、污泥龄及污泥回流比。

由于 AB 工艺中 A 段的负荷变化较大，因此在实际运行中，A 段的污泥浓度也有较大波动，通常设计的污泥浓度为 2～3g/L。当设计的进水有机物浓度较高时，为了保证合理的水力停留时间，A 段中的污泥浓度也可提高到 3～4g/L。A 段的污泥龄一般控制在 0.3～1d 之间较为合适。

由于 A 段主要以吸附为主，且污泥中的无机物含量较大，因此该段的污泥沉降性能较好，一般污泥指数 SVI 均在 60 以下，所以实际运行中，A 段的污泥回流比控制在 50% 以内便可满足要求。但考虑到实际工程运行的灵活性及其水质、水量的波动等因素，设计时 A 段的污泥回流比应考虑能在 50%～100% 之间变化。

(3) 水力停留时间。

由于 A 段以物理吸附为主，因此其 HRT 的设计较为重要，通常水力停留时间过长，吸附作用不十分明显。一般情况下，水力停留时间设计值不宜少于 25min，但也不宜超过 1.0h。工程设计中建议采用 30～50min 为宜。

(4) 溶解氧及耗氧负荷。

由于 A 段可根据实际需要采用好氧或兼氧的方式运行，因此其溶解氧浓度的控制范围较大，其变化范围一般在 0.2～1.5mg/L 之间。在采用兼氧运行方式时，溶解氧应控制在 0.2～0.5mg/L 之间。A 段的氧消耗负荷（以 O$_2$/去除 BOD 计）一般在 0.3～0.4kg O$_2$/kg 去除 BOD。

3. 中间沉淀池设计

中间沉淀池的作用主要是将 A、B 段的污泥菌种有效地隔开，因此其沉淀效果的好坏是非常重要的。由于 A 段的污泥沉降性能较好，因此其沉淀池的设计基本相当于初沉池的设计要求。一般情况下，中间沉淀池的表面水力负荷可取 $2m^3/(m^2 \cdot h)$，水力停留时间可取 1.5～2h；平均流量时允许的出水堰负荷为 $15m^3/(m \cdot h)$，最大流量时允许的出水堰负荷为 $30m^3/(m \cdot h)$。

4. B 段曝气池设计

由于 AB 工艺的 B 段基本上同传统活性污泥法类似，因此 B 段的设计参数确定基本等同于传统的活性污泥法，在实际的 AB 工艺设计中，B 段的污泥龄及污泥负荷的选取主要取决于出水水质要求。若出水水质仅要求去除有机物，则污泥龄取 5d 左右即可；若出水水质必须满足脱氮或除磷的要求，则污泥龄应取 15～20d。B 段的污泥负荷一般取 $0.15～0.3kgBOD_5/(kgMLSS \cdot d)$。

5. 二沉池的设计

AB 工艺中的 B 段在采用常规的活性污泥工艺时，二沉池的作用与其在传统活性污泥工艺中是一样的，因此其设计参数基本同常规活性污泥法的二沉池设计。通常按最大流量考虑，表面水力负荷一般取 $1.0m^3/(m^2 \cdot h)$ 以下，水力停留时间为 2.5～3h，最大出水堰负荷为 $15m^3/(m \cdot h)$。

3.5　氧 化 沟 工 艺

3.5.1　工艺流程

氧化沟（Oxidation Ditch）又名连续循环曝气池（Continuous Loop Reactor），属于活性污泥法的一种变形，氧化沟的水力停留时间可达 10～30h，污泥龄 20～30d，有机负荷很低（0.05～$0.15kgBOD_5/kgMLSS \cdot d$），实质上相当于延时曝气活性污泥系统。由于它运行成本低，构造简单，易于维护管理，出水水质好、耐冲击负荷、运行稳定、并可脱氮除磷，逐渐受到关注与重

视。可用于人口 360 万～1000 万人口当量的城市污水处理。氧
化沟的基本工艺流程如图 3.24 所示。

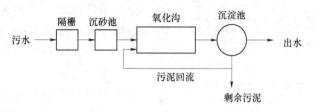

图 3.24　氧化沟的工艺流程

氧化沟出水水质好，一般情况下，BOD$_5$ 去除率可达 95％以
上，脱氮率达 90％左右，除磷效率达 50％左右，如在处理过程
中，适量投加铁盐，则除磷效率可达 95％。一般的出水水质为
BOD$_5$＝0～15mg/L；SS＝10～20mg/L；NH$_4^+$—N＝1～3mg/
L；P＜1mg/L。运行费用较常规活性污泥法低 30％～50％，基
建费用较常规活性污泥法低 40％～60％。

3.5.2　氧化沟的类型

1. 基本型

基本型氧化沟处理规模小，一般采用卧式转刷曝气器，如图
3.25 所示。水深为 1～1.5m。氧化沟内污水水平流速 0.3～
0.4m/s。为了保持流速，其循环量约为设计流量的 30～60 倍。
此种池结构简单，往往不设二沉池。

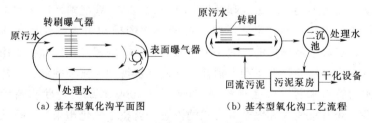

（a）基本型氧化沟平面图　　　　（b）基本型氧化沟工艺流程

图 3.25　基本型氧化沟及其流程

2. 卡鲁塞尔（Carrousel）式氧化沟

卡鲁塞尔氧化沟如图 3.26 所示，它的典型布置为一个多沟

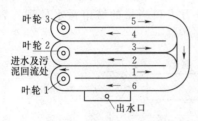

图 3.26　卡鲁塞尔氧化沟
典型布置形式

串联系统，进水与活性污泥混合后沿箭头方向在沟内不停地循环流动，采用表面机械曝气器，每沟渠的一端各安装一个，靠近曝气器下游的区段为好氧区，处于曝气器上游和外环的区段为缺氧区，混合液交替进行好氧和缺氧，这不仅提供了良好的生物脱氮条件，而且有利于生物絮凝，使活性污泥易于沉淀。

　　此类氧化沟由于采用了表面曝气器，其水深可采用 4～4.5m。如果有机负荷较低时，可停止某些曝气器的运行，在保证水流搅拌混合循环流动的前提下，减少能量消耗。除此典型布置之外，卡鲁塞尔还有许多其他布置形式。

　　微孔曝气型 Carrousel 2000 系统采用鼓风机微孔曝气供氧，其工作原理如图 3.27 所示。微孔曝气器可产生大量直径为 1mm 左右的微小气泡，这大大提高了气泡的表面积，使得在池容积一定的情况下氧转移总量增大（如池深增加则其传质效率将更高）。根据目前鼓风机生产厂家的技术能力，池的有效水深最大可达 8m，因此可根据不同的工艺要求选取合适的水深。传统氧化沟的推流是利用转刷、转碟或倒伞型表曝机实现的，其设备利用率低、动力消耗大。微孔曝气型 Carrousel 2000 系统则采用了水下推流的方式，即把潜水推进器叶轮产生的推动力直接作用于水体，在起推流作用的同时又可有效防止污泥的沉降。因而，采用潜水推进器既降低了动力消耗，又使泥水得到了充分的混合。从水力特性来看，微孔曝气型 Carrousel 2000 系统为环状折流池型，兼有推流式和完全混合式的流态。就整个氧化沟来看，可认为氧化沟是一个完全混合曝气池，其浓度变化系数极小甚至可以忽略不计，进水将迅速得到稀释，因此它具有很强的抗冲击负荷能力。但对于氧化沟中的某一段则具有某些推流式的特征，即在曝气器下游附近地段 DO 浓度较高，但随着与曝气器距离的不断增加则 DO 浓度不断降低（出现缺氧区）。这种构造方式使缺氧区和好氧区存在于一个构筑物内，充分利用了其水力特性，达到了高效生物脱氮的目的。

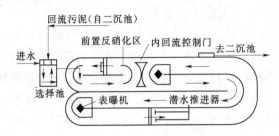

图 3.27　Carrousel 2000 型氧化沟工作原理图

Carrousel 3000 系统是在 Carrousel 2000 系统前再加上一个生物选择区。该生物选择区是利用高有机负荷筛选菌种，抑制丝状菌的增长，提高各污染物的去除率，其后的工艺原理同 Carrousel 2000 系统。

3. 三沟式氧化沟

三沟式氧化沟属于交替工作式氧化沟，由丹麦 Kruger 公司创建，如图 3.28 所示。由 3 条同容积的沟槽串联组成，两侧的池交替作为曝气池和沉淀池，中间的池一直为曝气池。原污水交替地进入两边的侧池，处理出水则相应地从作为沉淀池的侧池流出，这样提高了曝气转刷的利用率（达 59% 左右），另外也有利

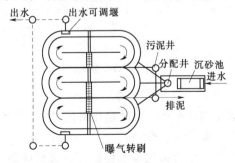

图 3.28　三沟式氧化沟

于生物脱氮。

三沟式氧化沟的水深为 3.5m 左右。一般采用水平轴转刷曝气，两侧沟的转刷是间歇曝气，以使污水处于缺氧状态，中间沟的转刷是连续曝气。

4. 奥巴勒（Orbal）型氧化沟

Orbal 型氧化沟是由多个同心的椭圆形或圆形沟渠组成，污水与回流污泥均进入最外一条沟渠，在不断循环的同时，依次进入下一个沟渠，它相当于一系列完全混合反应池串联而成，最后混合液从内沟渠排出。Orbal 型氧化沟常分为三条沟渠，外沟渠的容积约为总容积的 60%～70%，中沟渠容积约为总容积的 20%～30%，内沟渠容积仅占总容积的 10%，如图 3.29 所示。Orbal 型氧化沟曝气设备一般采用曝气转盘，水深可采用 2～3.6m，并应保持沟底流速为 0.3～0.9m/s，在运行时，外、中、内沟渠的溶解氧分别为厌氧、缺氧、好氧状态，使溶解氧保持较大的梯度，有利于提高充氧效率，同时有利于有机物的去除和脱氮除磷。

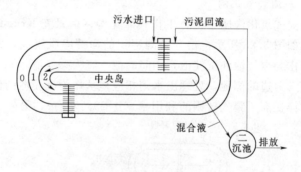

图 3.29 Orbal 型氧化沟

5. 曝气—沉淀一体化氧化沟

一体化氧化沟就是将二沉池建在氧化沟中，从而完成曝气—沉淀两个功能，如图 3.30 所示。

在氧化沟的一个沟渠内设沉淀区，在沉淀区的两侧设隔墙，并在其底部设一排三角形导流板，同时在水面设穿孔集水管，以

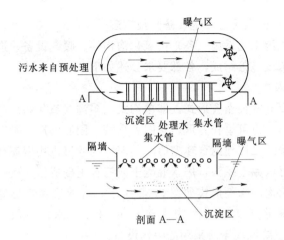

图 3.30　曝气—沉淀一体化氧化沟

收集澄清水。氧化沟内的混合液从沉淀区的底部流过，部分混合液则从导流板间隙上升进入沉淀区，而沉淀下来的污泥从导流板间隙下滑回氧化沟。曝气采用机械表面曝气。

6. 侧渠形一体氧化沟

侧渠形一体氧化沟如图 3.31 所示，两座侧渠作为二次沉淀池，并交替运行和交替回流污泥，澄清水通过堰口排出，曝气采用机械表面曝气或转刷曝气。

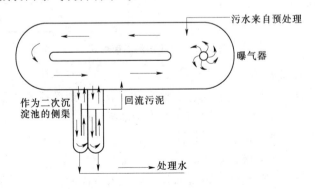

图 3.31　侧渠形一体化氧化沟

3.5.3　氧化沟工艺设施（备）及构造

氧化沟工艺设施（备）由氧化沟沟体、曝气设备、进出口设施、系统设施等组成，各部要求分述如下。

1. 沟体

主要分两种布置形式，即单沟式和多沟式氧化沟。一般呈环状沟渠形，也可呈长方形、椭圆、马蹄、同心圆形、平行多渠道和以侧渠作二沉池的合建型等。其四周池壁可以用钢筋混凝土建造，也可以原土挖沟，用素混凝土或三合土砌成。

氧化沟的断面形式如图 3.32 所示，有梯形和矩形等。氧化沟的单廊道宽度 C 一般为水深 D 的 2 倍，水深一般为 3.5～5.2m，主要取决于所采用的曝气设备。

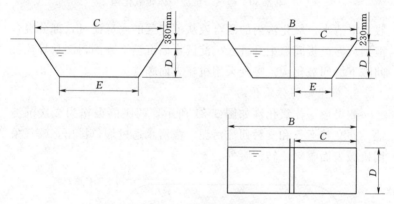

图 3.32　氧化沟的断面形式

2. 曝气设备

它具有供氧、充分混合、推动混合液不停地循环流动和防止活性污泥沉淀的功能，常用的有水平轴曝气转刷（或转盘）和垂直表面曝气器，均有定型产品。

（1）水平轴曝气设备。

水平轴曝气设备旋转方向与沟中水流方向同向，并安装在直道上。在其下游一定距离内，在水面下应设置导流板，有的还设置淹没式搅拌器，增加水下流速强度，防止沟底积泥。水平轴曝气设备在基本型、Orbal 型、一体化氧化沟中被普遍采用。

（2）曝气转刷。

曝气转刷充氧能力约为 $1.8\sim2.0kg/(kW \cdot h)$，调节转速和淹没深度，可改变其充氧量。因转刷的提升能力小，所以氧化沟水深应不超过 $2.5\sim3.0m$。

（3）曝气转盘。

曝气转盘充氧能力约为 $1.8\sim2.0kg/(kW \cdot h)$，氧化沟内水深可为 3.5m 左右。

（4）垂直轴表面曝气器。

垂直轴表面曝气器具有较大的提升能力，故一般氧化沟水深为 $4\sim4.5m$，垂直轴表面曝气叶轮一般安装在弯道上，它在卡鲁塞尔型氧化沟中得到普遍应用。

（5）进出水位置。

如图 3.33 所示，污水和回流污泥流入氧化沟的位置应与沟内混合液流出位置分开，其中污水流入位置应设在缺氧区的始端附近，以使硝化反应利用其污水中的碳源。回流污泥流入位置应设置在曝气设备后面的好氧部位，以防止沉淀池污泥厌氧，确保处理水中的溶解氧。

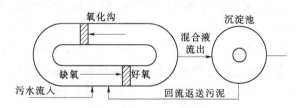

图 3.33 氧化沟进出水位置

3. 配水井

两个以上氧化沟并行工作时，应设配水井以保证均匀配水。三沟式氧化沟则应在进水配水井内设自动控制阀门，按原设计好的程序用定时器自动启闭各自的进水孔，以变换氧化沟内的水流方向。

4.出水堰

氧化沟的出水处应设出水堰，该溢流堰应设计成可升降的，从而起到调节沟内水深的作用。

5.导流墙

为减少水头损失，需在氧化沟转折处设置薄壁结构导流墙，使水流平稳转弯，维持一定流速。

6.溶解氧探头

为经济有效地运行，在氧化沟内好氧区和缺氧区应分别设置溶解氧探头，以在好氧区内维持大于 2mg/L 的 DO，在缺氧区内维持小于 0.5mg/L 的 DO。

3.5.4　氧化沟的设计要点及设计参数

1.设计要点

（1）目前采用的氧化沟的形式通常为卡鲁塞尔式和三沟式，并按普通推流式活性污泥法计算。

（2）污泥龄根据去除对象不同而不同。

1）只要求去除 BOD_5 时 SRT 采用 5～8d；污泥产率系数 Y 为 0.6。

2）要求有机碳氧化和氨的硝化时 SRT 取 10～20d，污泥产率系数 $Y=0.5～0.55$。

3）要求去除 BOD_5 加脱氮时，$SRT=30d$，$Y=0.48$。

（3）采用转刷曝气器时，氧化沟水深为 2.5～3m；采用曝气转盘曝气时，氧化沟水深为 3.5m；采用垂直轴表面曝气器时，氧化沟水深为 4～4.5m；垂直轴表面曝气器一般安装在弯道上。

（4）需氧量计算与 A_1/O 法相同。把需氧量转换在标准状态下的曝气转刷的供氧量。然后根据曝气转刷的充氧能力（kgO_2/h）来确定其台数，最后进行布置，并校核在具体设计的运行方式时，其供氧是否大于需氧量的要求。

2.设计参数

氧化沟设计参数如表 3.7 所示。

表 3.7　　　　　　　　　　氧化沟工艺设计参数

项　　目	数　　值
污泥负荷率 N_s[kgBOD$_5$/(kgMLSS·d)]	0.03～0.10
水力停留时间 HRT（h）	10～30
污泥龄 SRT（d）	去除 BOD$_5$ 时，5～8；去除 BOD$_5$ 并硝化时，10～30；去除 BOD$_5$ 并反硝化时，30
污泥回流比 R（%）	60～100
污泥浓度 X（mg/L）	1500～5000

3. 计算公式

氧化沟工艺计算公式如表 3.8 所示。

表 3.8　　　　　　　　　　氧化沟工艺计算公式

项　　目	公　　式	符　号　说　明
氧化沟容积 V(m^2)	$V = YQ'(L_o - L_e)SRT/X$	L_o，L_e—进出水 BOD$_5$ 浓度，mg/L
		Y—净污泥产率系数，kgMLSS/kgBOD$_5$
需氧量 O$_2$（kg/h）	$O_2 = a'QL_r + b'N_r - b'ND - c'X_w$	$a'=1.47$；$b'=4.6$；$c'=1.42$
剩余污泥量 W_x(kg/d)	$W_x = Y'QL_r/(1+K_d \cdot SRT)$	Q—污水平均日流量，m^3/d
		$L_r = L_o - L_e$，去除的 BOD$_5$ 浓度，mg/L
		K_d—污泥自身氧化率，d^{-1}，对于城市污水，一般为 0.05～0.1
曝气时间 t（h）	$T = 24V/Q'$	Q'—污水设计流量，m^3/d
污泥回流比 R（%）	$R = X/(X_R - X)$	X—氧化沟中混合液污泥浓度，mg/L
		X_R—二沉池底流污泥浓度，即剩余污泥浓度，mg/L
污泥负荷率 N_s [kgBOD$_5$/(kgMLSS·d)]	$N_s = Q'(L_o - L_e)/VX_v$	X_v—MLVSS，mg/L

3.6　SBR 工艺及改进技术

3.6.1　SBR 的基本原理及运行操作

SBR（Sequencing Batch Reactor）间歇曝气式活性污泥法又称序批式活性污泥法，是现行的活性污泥法的一个变型，它的反应机制以及污染物质的去除机制和传统活性污泥法基本相同，仅运行操作不一样。图 3.34 为 SBR 的基本操作运行模式。

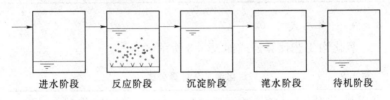

| 进水阶段 | 反应阶段 | 沉淀阶段 | 滗水阶段 | 待机阶段 |

图 3.34　SBR 基本工作流程

SBR 的操作模式由进水、反应、沉淀、出水（滗水）和待机等 5 个基本过程组成。从污水流入开始到待机时间结束算做一个周期。在一个周期内，一切过程都在一个设有曝气或搅拌装置的反应池内依次进行，这种操作周期周而复始反复进行，以达到不断进行污水处理的目的。因此不需要传统活性污泥法中必需设置的沉淀池、回流污泥泵等装置。传统活性污泥法是在空间上设置不同设施进行固定地连续操作；而 SBR 是在单一的反应池内，在时间上进行各种目的不同的操作。

3.6.2　SBR 的类型

1. 按进水方式分

（1）连续进水式，如 ICEAS、IDEA、DAT－IAT 等，它们的区别在于是否设预反应区和污泥回流。

（2）间歇进水式，如 CASS、CAST、常规 SBR 等，它们的区别在于进水时期和曝气时期上，曝气时期分为限制性曝气（进水完后曝气）、非限制性曝气（边进水边曝气）、半限制性曝气

（进水中期曝气）。前者有厌氧区存在，利于脱氮除磷；对于难降解废水，形成厌氧区的进水时间可延长至 $3 \sim 4h$，可当做水解酸化池进行反应。CAST，CASS 还设置选择区和污泥回流（20%）。

2. 按 BOD 污泥负荷（N_s）分

（1）标准负荷，$N_s = 0.2 \sim 0.4 \mathrm{kgBOD}_5 / (\mathrm{kgMLSS} \cdot \mathrm{d})$，用于去除 BOD_5。

（2）延时负荷，$N_s = 0.05 \sim 0.1 \mathrm{kgBOD}_5 / (\mathrm{kgMLSS} \cdot \mathrm{d})$，用于去除 BOD_5、TN、TP 和污泥稳定。

3.6.3　SBR 工艺的特点

（1）SBR 虽然在空间上是完全混合式，但在时间上却是理想的推流式，为非稳态反应，其降解速率明显具有零级反应和一级反应以及两者之间的混合级数反应动力学特征，因此降解速率与传统活性污泥法比要快很多，降解时间也要短很多，而实际设计未考虑这一特点，因此安全性较大。

（2）SBR 为静置沉淀，污泥沉淀和浓缩效果都远高于传统二沉池，沉淀浓缩的污泥浓度可达 $20000 \mathrm{mg/L}$，$MLSS$ 也可达 $5000 \mathrm{mg/L}$，由于 X_r 浓度高，可减少泵抽量和浓缩池体积；由于 $MLSS$ 浓度高，可降低污泥负荷 N_s，提高处理效果，或在处理效果一定时可减少曝气池容积（同传统活性污泥法比）。

（3）能耗低。同传统活性污泥法比，无污泥回流和混合液回流能耗，厌氧、缺氧、好氧相间运行也减少能耗；同氧化沟比，无推动水流循环流动的能耗及回流能耗。

3.6.4　SBR 工艺设计参数

1. 设计流量

水处理设施以设计最大日流量计；输水设施以最大时流量计。需考虑进水逐时变化情况，原则上不设调节池。

2. 进水方式

（1）连续进水，应设导流墙，防止水流短路。

（2）间歇进水，如逐时流量变化大，可能在沉淀、排水时进水，也要设导流墙防短路。

3. 反应池数和排出比

（1）一般池数 $N \geqslant 2$ 个，但当 $Q_0 \leqslant 500 \mathrm{m}^3/\mathrm{d}$ 时，可设一个，即单池运行，这时应采用低负荷连续进水方式运行。

（2）排出比 $\lambda = 1/n = 1/2 \sim 1/5 (0.2 \sim 0.5)$。

4. 设计负荷（N_s）与 MLSS(X)

（1）标准负荷 $N_s = 0.2 \sim 0.4 \mathrm{kgBOD}_5/(\mathrm{kgMLSS \cdot d})$。延时负荷 $N_s = 0.05 \sim 0.1 \mathrm{kgBOD}_5/(\mathrm{kgMLSS \cdot d})$。

（2）$MLSS$（X）$= 2000 \sim 5000 \mathrm{mg/L}$，$X$ 的选定与负荷成反比。

5. 反应池水深、安全高

水深 $4 \sim 6\mathrm{m}$，安全高 $0.5\mathrm{m}$（泥界面上最小水深）。

3.6.5　SBR 改进工艺

1. 间歇式循环延时曝气活性污泥法（ICEAS）

ICEAS 与传统的 SBR 相比，最大的特点是：在反应器的进水端增加了一个预反应区，运行方式为连续进水（沉淀期和排水期仍保持进水），间歇排水，没有明显的反应阶段和闲置阶段。这种系统在处理市政污水和工业废水方面比传统的 SBR 系统费用更省、管理更方便。但是由于进水贯穿于整个运行周期的每个阶段，沉淀期进水在主反应区底部造成水力紊动而影响泥水分离时间，因此，进水量受到了一定限制，通常水力停留时间较长。其基本的工艺流程如图 3.35 所示。

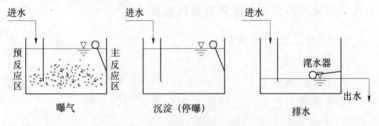

图 3.35　ICEAS 工艺流程

2. 循环式活性污泥系统（CAST、CASS 和 CASP）

循环式活性污泥法（CAST）是 SBR 工艺的一种新的形式。与 ICEAS 相比，预反应区容积较小，是设计更加优化合理的生物选择器。该工艺将主反应区中部分剩余污泥回流至选择器中，在运作方式上沉淀阶段不进水，使排水的稳定性得到保障。通行的 CAST 一般分为 3 个反应区：一区为生物选择器，二区为缺氧区，三区为好氧区。各区容积之比一般为 1：5：30，图 3.36 为 CAST 的运行工序示意图。

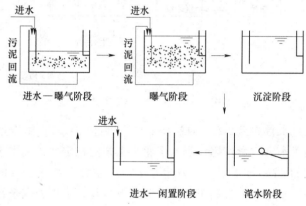

图 3.36　CAST 工艺的运行工序

3. 间歇排水延时曝气工艺（IDEA）

间歇排水延时曝气工艺（IDEA）如图 3.37 所示，基本保持了 CAST 工艺的优点，运行方式采用连续进水、间歇曝气、周期排水的形式。与 CAST 相比，预反应区（生物选择器）改为与 SBR 主体构筑物分立的预混合池，部分剩余污泥回流入预混合池，且采用反应器中部进水。预混合池的设立可以使污水在高絮体负荷下有较长的停留时间，保证高絮凝性细菌的选择。

4. DAT—IAT 工艺

DAT—IAT 工艺主体构筑物由需氧池（DAT）和间歇曝气池（IAT）组成，一般情况下，DAT 连续进水，连续曝气，其出水进人 IAT，在此可完成曝气、沉淀、滗水和排泥工序，是

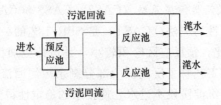

图 3.37　IDEA 工艺流程

SBR 的又一种变型，工艺流程如图 3.38 所示。

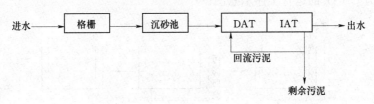

图 3.38　DAT—IAT 工艺

　　处理水首先经 DAT 的初步生化后再进入 IAT，由于连续曝气起到了水力均衡作用，提高了整个工艺的稳定性；进水工序只发生在 DAT，排水工序只发生在 IAT，使整个生化系统的可调节性进一步增强，有利于去除难降解有机物。一部分剩余污泥由 IAT 回流到 DAT。与 CAST 和 ICEAS 相比；DAT 是一种更加灵活、完备的预反应区，从而使 DAT 与 IAT 能够保持较长的污泥龄和很高的 MLSS 浓度，对有机负荷及毒物有较强的抗冲击能力。

　　5. UNITANK 系统

　　典型的 UNITANK 系统，其主体为三格池结构，三池之间为连通形式，每池设有曝气系统，既可采用鼓风曝气也可采用机械表面曝气，并配有搅拌设备，外侧两池设出水堰（或滗水器）以及污泥排放装置，两池交替作为曝气和沉淀池，污水可进入三池中的任意一个。UNITANK 的工作原理如图 3.39 所示，在一个周期内，污水连续不断进入反应器，通过时间和空间的控制，形成好氧、厌氧或缺氧的状态。UNITANK 系统除保持原有

SBR 的自控以外，还具有滗水简单、池子构造简化、出水稳定、不需回流等特点，而通过进水点的变化可达到回流、脱氮和除磷的效果。

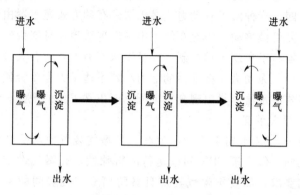

图 3.39 UNITANK 系统流程

3.6.6 SBR 工艺的设备和装置

1. 滗水器

SBR 工艺的最根本特点是单个反应器的排水形式均采用静止沉淀、集中滗水（或排水）的方式运行，由于集中滗水时间较短，因此每次滗水的流量较大，这就需要在短时间大量排水的状态下，对反应器内的污泥不造成扰动，因而需安装特别的排水装置——滗水器，外形如图 3.40 所示。

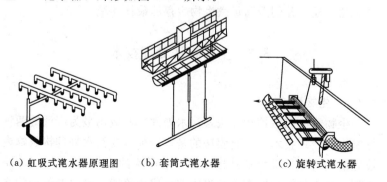

（a）虹吸式滗水器原理图　　（b）套筒式滗水器　　（c）旋转式滗水器

图 3.40 常用滗水器示意图

SBR 反应器中使用的滗水器可分为 5 种类型：第一类为电动机械摇臂式滗水器；第二类为套筒式滗水器；第三类为虹吸式滗水器；第四类为旋转型滗水器；第五类为浮筒式滗水器。其中第一、四、五种属于有动力式滗水器。有动力式滗水器由于带有转动件需机械传动，因此在使用中易出现故障，且造价较高；但该滗水器易于实现自动控制，并且滗水能力大，适合大型污水处理厂使用。无动力式滗水器的能力小，不适于大型工程使用，其中套筒式滗水器容易出现套管卡死不能正常工作的现象。

2. 曝气装置

由于 SBR 也属于活性污泥法，其曝气装置也与活性污泥法基本相同。但由于 SBR 间歇运行的特殊性，其曝气设施也有其特殊的要求，如要求曝气器应具备防堵塞、抗瞬间的强度冲击等。SBR 工艺的曝气也分为机械曝气和鼓风曝气两大类。

3. 阀门、排泥系统

SBR 运行中其曝气、滗水及排泥等过程均采用计算机自动控制系统完成，因此需要配备相应的电动、气动阀门，以便控制气、水的自动进出及关闭。剩余污泥的排放目前均采用潜水泵的自动排放方式实现。

4. 自动控制系统

SBR 采用自动控制技术来达到 SBR 工艺的控制要求，把用人工操作难以实现的控制通过计算机、软件、仪器设备的有机结合自动完成，并创造满足微生物生存的最佳环境。

3.7　生物膜法处理技术

3.7.1　生物膜法

生物膜法和活性污泥法是污水处理行业应用最为广泛的两种好氧生物处理技术，生物膜法的基本特征是在污水处理构筑物内设置微生物生长聚集的载体（即一般所称的填料），在充氧的条件下，微生物在填料表面积聚附着形成生物膜。经过充气的污水以一定的流速流过填料时，生物膜中的微生物吸收分解水中的有机物，使污水得到净化，同时微生物也得到增殖，生物膜随之增厚。当生物膜增长到一定厚度，向生物膜内部扩散的氧受到限制，其表面仍是好氧状态，而内层则会呈缺氧甚至厌氧状态，并最终导致生物膜的脱落。随后，填料表面还会继续生长新的生物膜，周而复始，使污水得到净化，生物膜法与普通活性污泥法的比较见表 3.9。

表 3.9　　生物膜法与普通活性污泥法主要运行参数比较

处理工艺	生物量 (g/L)	剩余污泥产量 (kg 干污泥/kgBOD$_5$ 去除量)	容积负荷 [kgBOD$_5$/(m³·d)]	水力停留时间 (h)	BOD$_5$ 去除率 (%)
塔式生物滤池	0.7～7.0	0.05～0.1	1.0～3.0	—	60～85
生物转盘	10～20	0.3～0.5	1.5～2.5	1.0～2.0	85～90
生物接触氧化	10～20	0.25～0.3	1.5～3.0	1.5～3.0	80～90
普通活性污泥法	1.5～3.0	0.4～0.6	0.4～0.9	4～12	85～95

3.7.2　生物滤池工艺

生物滤池是在间歇砂滤池和接触滤池的基础上，发展起来的人工生物处理法。在生物滤池中，废水通过布水器均匀地分布在滤池表面，滤池中装满了石子等填料（一般称之为滤料），废水沿着填料的空隙从上向下流动到池底，通过集水沟、排水渠，流出池外。

废水通过滤池时，滤料截留了废水中的悬浮物，同时把废水中的胶体和溶解性物质吸附在自己的表面，其中的有机物使微生物很快地繁殖起来。这些微生物又进一步吸附废水中呈悬浮、胶体和溶解状态的物质，逐渐形成生物膜。生物膜成熟后，栖息在生物膜上的微生物即摄取污水中的有机污染物作为营养，对废水中的有机物进行吸附氧化作用，因而废水在通过生物滤池时得到净化。

生物滤池可以是卵石填料高负荷生物滤池，也可以是塑料填料的塔式滤池。设计生物滤池时，其主要功能是去除溶解性 BOD_5 和将大分子等难降解的物质转化为易降解物质。在我国采用卵石填料比较经济，因塑料滤料的价格要高 20 倍以上。

3.7.3 生物转盘工艺

生物转盘又称淹没式生物滤池，由一系列平行的旋转圆盘、转动横轴、动力及减速装置、氧化槽等部分组成，在氧化槽中充满了待处理的废水，约一半的盘片浸没在废水水面之下。当废水在槽内缓慢流动时，盘片在转动横轴的带动下缓慢地转动。

3.7.4 接触氧化工艺

生物接触氧化法也称淹没式生物滤池，其工艺过程是在反应器内设置填料，经过充氧的废水与长满生物膜的填料相接触，在生物膜生物的作用下废水得到净化。

3.7.5 曝气生物滤池

曝气生物滤池是将接触氧化工艺和悬浮物过滤工艺结合在一起的污水处理工艺，可用于去除污水中的有机物，也可通过硝化和反硝化除氮。

在生物滤池的滤料上可以发生有机物的代谢过程，还可将生物转化过程产生的剩余污泥和进水带入的悬浮物进一步截流在滤池内，起到生物过滤的作用。所以在生物滤池工艺中不需要再设后续沉淀池，节省了用地。

1. 曝气生物滤池的特点

（1）为了使生物滤池的运行时间达到最佳化，要求生物滤池进水悬浮物浓度在 60mg/L 以下。曝气生物滤池一般通过化学絮凝的有效沉淀，才可使进水悬浮物浓度达到要求。在设计初沉池时，要考虑由冲洗污泥水的回流引起的初沉池水力负荷的增加。间歇冲洗可以导致水量在短时间内很高，特别是对于小型污水处理厂，冲击负荷影响很大，所以需建一个反冲洗水的缓冲池。

（2）生物滤池后不需再经后处理，可节省占地面积。生物滤池的去除负荷高，并可通过提高曝气和过滤速率明显提高生物滤池去除率。和活性污泥工艺相比，生物滤池的抗冲击负荷能力差，系统需建净水池用来储存冲洗用水。

（3）生物滤池不能用于大量除磷，一般再通过化学沉淀进一步除磷。

（4）曝气生物滤池的常规能耗比活性污泥工艺高。进水需提升的扬程高度取决于生物滤池内的压力损失和生物滤池的设计结构，一般生物滤池内的水头损失是 $1\sim2m$；另外，大部分生物滤池建于地面以上（生物滤池的高度一般在 $6\sim8m$ 之间），污水的总输送扬程高度在 $7\sim10m$。但是由于曝气的能耗比传统活性污泥要低 50％ 以上，所以从总体上曝气生物滤池的能耗要低于传统活性污泥工艺。

2. 曝气生物滤池的组成

曝气生物滤池由滤池池体、滤料、承托层、布水系统、布气系统、反冲洗系统、出水系统、管道和自控系统组成。

（1）滤池池体。

滤池池体的作用是容纳被处理水量和围挡滤料，并承托滤料和曝气装置的重量。在设计中，池体的厚度和结构必须按土建结构强度要求进行计算，池体高度由计算出的滤料体积、承托层、布水布气系统、配水区、清水区的高度来确定，同时也要考虑到鼓风机的风压和污水泵的扬程。一般滤料层高度为 $2.5\sim4.5m$，承托层高度为 $0.2\sim0.3m$，配水区高度 $1.2\sim1.5m$，清水区高度 $0.8\sim1.0m$，超高 $0.3\sim0.5m$，所以池体总高度一般为 $5\sim7m$。

（2）滤料。

从生物滤池处理污水的发展状况来看，虽然曾经采用过如蜂窝管状、束状、波纹状、圆形辐射状、盾状、网状、筒状等玻璃钢、聚氯乙烯、聚丙烯、维尼纶合成材料作为生物膜的载体，但由于制作加工和价格原因，以及考虑到曝气生物滤池的特殊要求和上述滤料的缺点，目前国内曝气生物滤池工艺中采用的滤料仍以轻质圆形陶粒为主。

（3）承托层。

承托层主要是为了支撑滤料，防止滤料流失和堵塞滤头。承托层粒径比所选滤头孔径要大 4 倍以上，并根据滤料直径的不同来选取承托层的颗粒大小和承托层高度，滤料直接填装在承托层上，承托层下面是滤头和承托板。承托层的填装必须有一定的级配，一般从上到下粒径逐渐增大。承托层高度一般为 0.3～0.4m，承托层的级配可参照《给水排水设计手册》有关给水滤池章节。

（4）布水系统。

曝气生物滤池的布水系统主要包括滤池最下部的配水室、滤板以及滤板上的配水滤头。

（5）布气系统。

曝气生物滤池一般采用鼓风曝气形式，空气扩散系统一般有穿孔管空气扩散系统和采用专用空气扩散器的空气扩散系统两种，而最有效的办法还是采用专用空气扩散器的空气扩散系统。

（6）反冲洗系统。

曝气生物滤池反冲洗系统与给水处理中的 V 形滤池类似，采用气—水联合反冲洗，其设计计算可参照给水滤池的有关设计资料进行，反冲洗气、水强度可根据所选用滤料通过试验得出或根据有关经验公式计算得出。

（7）出水系统。

曝气生物滤池出水系统可采用周边出水或单侧堰出水。在大、中型污水处理工程中，一般采用单侧堰出水较多，并将出水堰口处设计为 60°斜坡，以降低出水口处的水流流速。

3. 曝气生物滤池工艺流程

污水先经过预处理，然后进入生物滤池。污水预处理的方式和程度依赖于生物滤池在整个污水处理厂所处的位置。如果把生物滤池作为主要生物处理段，预处理段只需包括机械处理或机械与化学沉淀联合处理；如果将其用于污水的深度处理，则污水先经过机械处理和生物处理段，再进入生物滤池。

在采用曝气生物滤池工艺时，根据处理对象的不同和要求的排放水质的不同，通常有 3 种工艺流程，即一段曝气生物滤池法、两段曝气生物滤池法和三段曝气生物滤池法。

（1）一段曝气生物滤池法。

一段曝气生物滤池法主要用于处理可生化性较好同时对氨氮等营养物质没有特殊要求的生活污水，其主要去除对象为污水中的碳化有机物和悬浮物，也即去除 BOD、COD、SS。以去除碳化有机物为主的曝气生物滤池称为 DC 曝气生物滤池。

当进水有机物浓度较高，有机负荷较大时，DC 滤池中生物反应的速度很快，微生物的增殖也很快，同时老化脱落的微生物膜也较多，使滤池的反冲洗周期缩短。所以当采用 DC 曝气生物滤池处理污水时，建议进水 $COD < 1500mg/L$，$BOD/COD > 0.3$。

一段 DC 曝气生物滤池处理污水的流程如图 3.41 所示。

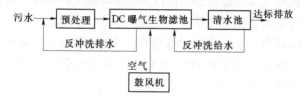

图 3.41　一段 DC 曝气生物滤池工艺流程

（2）两段曝气生物滤池法。

两段曝气生物滤池法主要用于对污水中有机物的降解和氨氮的硝化。两段法可以在两座滤池中驯化出不同功能的优势菌种，各负其责，缩短生物氧化时间，提高处理效率，更适应水质的变化，使处理水水质稳定达标。

第一段曝气生物滤池以去除污水中碳化有机物为主，在该段滤池中，优势生长的微生物为异养菌。沿滤池高度方向从进水端到出水端有机物浓度梯度递减，降解速率也呈递减趋势。

第二段曝气生物滤池主要对污水中的氨氮进行硝化，称为 N 曝气生物滤池。在该段滤池中，优势生长的微生物为自养硝化菌，将污水中的氨氮氧化成硝酸氮或亚硝酸氮。同样在该段滤池中，由于微生物的不断增加，老化脱落的微生物膜也较多，所以间隔一定时间也需对该滤池进行反冲洗。

两段曝气生物滤池工艺流程如图 3.42 所示。

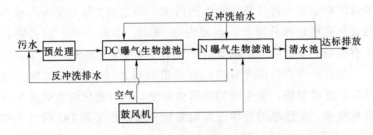

图 3.42　两段曝气生物滤池工艺流程图

（3）三段曝气生物滤池法。

三段曝气生物滤池是在两段曝气生物滤池的基础上增加第三段反硝化滤池，同时可以在第二段滤池的出水中投加铁盐或铝盐进行化学除磷，所以第三段滤池称为 DN—P 曝气生物滤池。在工程设计中，根据需要 DN—P 曝气生物滤池也可前置。三段曝气生物滤池工艺流程如图 3.43 所示。

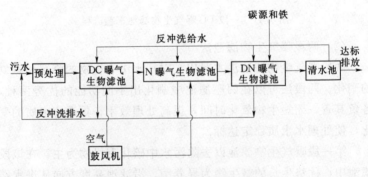

图 3.43　三段曝气生物滤池工艺流程

3.8 稳定塘和土地处理系统

3.8.1 稳定塘

稳定塘是一种构造简单、易于管理、处理效果稳定可靠的污水自然生物处理系统。污水在塘内通过长时间的停留，其有机物通过不同细菌的分解代谢作用后被生物降解。稳定塘按照功能可分为好氧塘、兼性塘、厌氧塘、曝气塘和高效塘。

稳定塘内发生的反应比较复杂，影响有机物去除的因素也比较多，目前还没有建立起以严格理论为基础的设计方法，因此，仍按经验数据和经验公式进行稳定塘的设计。

1. 好氧塘设计参数

好氧塘的设计参数见表 3.10 和表 3.11。

表 3.10　　　　　　　　　好氧塘的设计参数

参　　数	高负荷好氧塘	普通好氧塘	熟化好氧塘
BOD_5 负荷 [$kgBOD_5$/(万 $m^2 \cdot d$)]	0.004～0.016	0.002～0.004	0.0005
HRT (d)	4～6	2～6	5～20
水深（m）	0.30～0.45	0.45～0.5	0.5～1.0
pH 值	6.5～10.5	6.5～10.5	6.5～10.5
温度范围（℃）	5～30	0～30	0～30
最佳温度（℃）	20	20	20
BOD_5 去除率（%）	80～90	80～95	60～80
藻类浓度（mg/L）	100～260	100～200	5～10
水中悬浮固体（mg/L）	150～300	80～140	10～30

表 3.11 串联在兼性塘后的好氧塘的设计参数

参 数	范 围	参 数	范 围
BOD$_5$ 负荷 [kgBOD$_5$/(万 m^2·d)]	0.004～0.006	BOD$_5$ 去除率（%）	30～50
HRT (d)	4～12	出水 BOD$_5$（mg/L）	15～40
水深（m）	0.6～0.9	出水 SS（mg/L）	40～60
pH 值	6.5～10.5	进水 BOD$_5$（mg/L）	50～100
温度范围（℃）	0～40		

2. 兼性塘设计参数

（1）停留时间。

兼性塘的停留时间一般规定为 7～180d 以上，其中较低的数值用于南方地区，较高的数值用于北方寒冷地区。设计水力停留时间的长短应根据地区的气象条件、设计进出水水质和当地的客观情况，从技术和经济两方面综合考虑确定。但一般不要低于7d 和高于 180d，低限是为了保持出水水质的稳定和卫生的需要，高限是考虑到即使在冰封期高达半年以上的地区只要有足够的表面积时，其处理也能获得满意的效果。

需要说明的是，以上所定的数值均是平均理论停留时间（即仅由几何尺寸计算而得的），实际上的水力停留时间在时间、空间上都是不均匀的。这一点在设计时应充分估计到。

（2）BOD$_5$ 负荷。

兼性塘的塘表面面积负荷一般为 10～100kgBOD$_5$/(万 m^2·d)，其中低值用于北方寒冷地区，高值用于南方炎热地区。为了保证全年正常运行，一般根据最冷月份的平均温度作为控制条件来选择负荷进行设计。

（3）塘数。

除很小规模的处理系统可以采用单一塘外，一般均应采用几个塘。多塘系统既可以按串联形式，也可以按并联形式布置，一般多用串联塘。串联塘系统最少为 3 个塘。

（4）塘的长宽比。

处理塘常采用方形或矩形，矩形塘的长宽比一般为 3∶1，塘的四周应做成圆形以避免死角。不规则的塘形不应采用，因其容易短路形成死水区。

（5）塘深。

兼性塘有效水深一般采用 1.2～2.5m，最小运行深度是考虑防止对塘堤、塘底等的损害以及淤泥层的补偿等而定的。北方寒冷地区应适当增加塘深以利过冬。但塘深过大，塘表面积将不足以满足光合作用之需要，故应在满足表面负荷的前提下来考虑塘深才能获得经济有效的处理塘系统。

3. 厌氧塘设计参数与方法

（1）修建厌氧塘时应注意的环境事项：

1）厌氧塘内污水的有毒有害物质浓度高，塘的深度大，容易污染地下水，必须作防渗设计。

2）厌氧塘一般都有臭气散发出来，该塘应离居住区 500m以上。

3）肉类加工污水等的厌氧塘水面上有浮渣，浮渣对保持塘水温度有利，但有碍观瞻。

4）浮渣面上有时滋生小虫，运行中应有除虫措施。

（2）预处理。

厌氧塘之前应设置格栅。含砂量大的污水，塘前应设沉砂池。肉类加工污水以及油脂含量高的污水，塘前应设除油池。

（3）厌氧塘主要尺寸。

1）厌氧塘一般为长方形，长宽比为（2～2.5）∶1。

2）厌氧塘的有效深度（包括水深和泥深）为 3～5m，当土壤和地下水的条件许可时，可以采用 6m。厌氧塘的深度虽比其他类型的稳定塘大，但过分加大塘深也没有好处。因为在水温分层期间，每增加 30cm 水深，水温将递减 1℃，塘的底泥和水的温度过低，将会降低泥和水的厌氧降解速率。

城市污水厌氧塘底部储泥深度，设计值不应小于 0.5m。污泥清除周期的长短取决于污水性质。

3）塘底应采用平底，略具坡度，以利排泥。

4）塘堤的坡度按垂直：水平计，内坡为 1：1～1：3，外坡不应大于 1：3。以便割草。

5）塘的超高为 0.6～1.0m，大塘应取上限值。

（4）厌氧塘进口和出口。

厌氧塘进口位于接近塘底的深度处，高于塘底 0.6～1.0m。这样的进口布置，可以使进水与塘底厌氧污泥混合，从而提高 BOD_5 去除率，并且可以避免泥沙堵塞进口。塘底宽度小于 9m 时，可只用一个进口，大塘应采用多个进口。厌氧塘的出口为淹没式，淹没深度不应小于 0.6m，并不得小于冰覆盖层或浮渣层厚度。为减少出水带走污泥，可采用多个出口。

（5）厌氧塘的面积和塘数。

厌氧塘位于稳定塘系统首端，截留污泥量大，因此，厌氧塘宜并联，以便在清除污泥时，可以使其中一组停止运行。

厌氧塘一般为单级。在二级厌氧塘中，第二级塘浮渣层较薄，有时不能盖满全塘，因而不能保温，不能提高 BOD_5 去除率。但多级厌氧塘的出水 SS 较低。

3.8.2 湿地处理系统

人工湿地系以人工建造和监督控制的、与沼泽地相类似的地面，通过自然生态系统中的物理化学和生物三者协同作用以达到对污水的净化。此种湿地系统是在一定长宽比及底面坡度的洼地中，由土壤和填料混合组成填料床，废水在床体的填料缝隙或在床体表面流动，并在床体表面种植具有处理性能好、成活率高、抗水性强、生长周期长、美观及具有经济价值的水生植物，形成一个独特的动、植物生态系统，对废水进行处理。实际设计中，往往是将湿地进行多级串联或附加必要的预处理、后处理设施构成。

人工湿地按污水在其中的流动方式可分为两种类型：表面流

人工湿地和潜流型人工湿地。表面流系统中，废水在湿地的土壤表层流动，水深较浅（一般在 0.1～0.6m）。与潜流型人工湿地系统相比，其优点是投资省，缺点是负荷低。北方地区冬季表面会结冰，夏季会滋生蚊蝇、散发臭味，目前已较少采用。而潜流型人工湿地系统，污水在湿地床的表面下流动，一方面可以充分利用填料表面生长的生物膜、丰富的植物根系及表层土和填料截留等作用，提高处理效果和处理能力；另一方面由于水流在地表下流动，保温性好，处理效果受气候影响较小，且卫生条件较好，是目前国际上较多研究和应用的一种湿地处理系统，但此系统的投资比表面流系统略高。

人工湿地的工艺流程有多种，目前采用的主要有：推流式、阶梯进水式、回流式和综合式 4 种，如图 3.44 所示。阶梯进水可避免处理床前部堵塞，使植物长势均匀，有利于后部的硝化脱氮作用；回流式可对进水进行一定的稀释，增加水中的溶解氧并减少出水中可能出现的臭味。出水回流还可促进填料床中的硝化和反硝化作用，采用低扬程水泵，通过水力喷射或跌水等方式进行充氧。综合式则一方面设置出水回流，另一方面还将进水分布至填料床的中部，以减轻填料床前端的负荷。

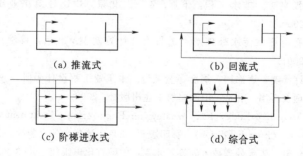

（a）推流式 　　　　　　　　（b）回流式

（c）阶梯进水式 　　　　　　（d）综合式

图 3.44 人工湿地的基本流程

人工湿地的运行可根据处理规模的大小进行多种方式的组合，一般有单一式、并联式、串联式和综合式等（图 3.45）。在日常使用中，人工湿地还常与氧化塘等进行串联组合。

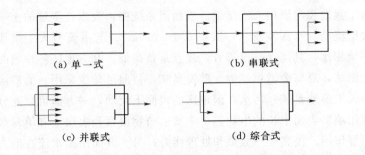

图 3.45 人工湿地的不同组合方式

参考文献

[1] 北京市市政工程设计研究总院. 给水排水设计手册（第 5 册）——城镇排水. 2 版. 北京：中国建筑工业出版社，2004.

[2] 张自杰. 环境工程手册——水污染防治卷. 北京：高等教育出版社，1996.

[3] 北京水环境技术与设备研究中心，北京市环境保护科学研究院，国家城市环境污染控制工程技术研究中心. 三废处理工程技术手册——废水卷. 北京：化学工业出版社，2000.

[4] 张自杰. 排水工程：下册. 4 版. 北京：中国建筑工业出版社，2000.

[5] 孙立平. 污水处理新工艺与设计计算实例. 北京：科学出版社，2001.

[6] 许泽美，唐建国，周彤，兰淑澄. 水工业工程设计手册——废水处理及再用. 北京：中国建筑工业出版社，2002.

[7] Metcalf & Eddy, Inc. Wastewater Engineering—Treatment and Reuse. (Fourth Edition)（影印版）. 北京：清华大学出版社，2003.

[8] 纪轩. 废水处理技术问答. 北京：中国石化出版社，2003.

[9] 崔玉川，杨崇豪，张东伟. 城市污水回用深度处理设施设计计算. 北京：化学工业出版社，2003.

[10] 廖文贵. 序批式活性污泥法（SBR）的设计与计算. 中国水污染防治技术装备论文集. 2002（8）.

[11] 王宝贞，沈耀良. 废水生物处理新技术：理论与应用. 北京：中国

环境科学出版社，1999.

[12] 高廷耀，顾国维. 水污染控制工程·下册. 4 版. 北京：高等教育出版社，1999.

[13] 张自杰. 废水处理理论与设计. 北京：中国建筑工业出版社，2003.

[14] 胡天媛，徐伟. 北方某污水处理厂卡鲁塞尔氧化沟系统的设计. 工业用水与废水，2003（4）.

[15] 王凯军，贾立敏. 城市污水生物处理新技术开发与应用. 北京：化学工业出版社，2002.

[16] 王薇，俞燕，王世和. 人工湿地污水处理工艺与设计. 城市环境与城市生态. Vol 14，No. 1. 2001（2）.

[17] 张大群，孙济发，金宏，王立彤. 污水处理机械设备设计与应用. 北京：化学工业出版社，2003.

第4章 污水的脱氮除磷

传统的活性污泥法只是用于 COD 和 SS 的去除，无法有效地去除废水中的氮和磷。氮和磷是微生物生长的必需物质，但是过量的氮和磷造成湖泊等水体的富营养化。因此，污水排放前必须进行脱氮除磷处理。

4.1 生物脱氮技术

4.1.1 三级生物脱氮工艺

活性污泥法脱氮的传统工艺是由巴茨（Barth）开创的所谓三级活性污泥法流程，它是以氨化、硝化和反硝化三项反应过程为基础建立的。其工艺流程如图 4.1 所示。

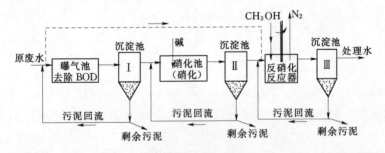

图 4.1 活性污泥法脱氮的传统工艺

第一级曝气池为一般的二级处理曝气池，其主要功能是去除 BOD、COD，使有机氮转化，形成 NH_3、NH_4^+，完成氨化过程。经沉淀后，BOD_5 降至 $15\sim20mg/L$ 的水平。

第二级硝化曝气池，主要进行硝化反应。因硝化反应消耗碱度，因此需要投碱。

第三级为反硝化反应器，在这里还原硝酸根产生氮气，这一级应采取厌氧缺氧交替的运行方式。投加甲醇（CH_3OH）为外加碳源，也可引入原污水作为碳源。

甲醇的用量按式（4.1）计算：

$$C_m = 2.47[NO_3^- - N] + 1.53[NO_2^- - N] + 0.87DO \qquad (4.1)$$

式中　　　　　　　　　　C_m——甲醇的投加量，mg/L；

$[NO_3^- - N]$，$[NO_2^- - N]$——硝酸氮，亚硝酸氮的浓度，mg/L；

DO——水中溶解氧的浓度，mg/L。

这种系统的优点是有机物降解菌、硝化菌、反硝化菌，分别在各自的反应器内生长，环境条件适宜，而且各自回流在沉淀池分离的污泥，反应速度快而且比较彻底。但处理设备多，造价高，管理不方便。

4.1.2　两级生物脱氮工艺

将 BOD 去除和硝化反应过程放在同一反应器内进行便形成了两级生物脱氮工艺，如图 4.2 所示。

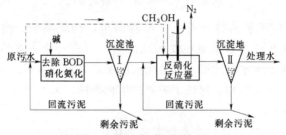

图 4.2　两级生物脱氮工艺

4.1.3　A_1/O 工艺

1. A_1/O 工艺及其特点

A_1/O 工艺为缺氧/好氧工艺，又称前置反硝化生物脱氮工艺，是目前采用比较广泛的工艺。

当 A_1/O 脱氮系统中缺氧和好氧在两座不同的反应器内进行时为分建式 A_1/O 脱氮系统（图 4.3）。

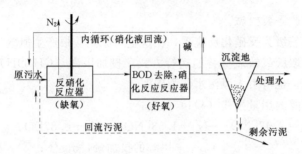

图 4.3　分建式 A_1/O 脱氮系统

当 A_1/O 脱氮系统中缺氧和好氧在同一构筑物内，用隔板隔开两池时为合建式 A_1/O 脱氮系统（图 4.4）。

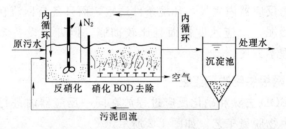

图 4.4　合建式 A_1/O 脱氮系统

A_1/O 工艺的特点有：①流程简单，构筑物少，运行费用低，占地少；②好氧池在缺氧池之后，可进一步去除残余有机物，确保出水水质达标；③硝化液回流，为缺氧池带去一定量的易生物降解有机物，保证了脱氮的生化条件；④无需加入甲醇和平衡碱度。

2.A_1 工艺的设计要点和主要参数

A_1/O 工艺的设计要点和主要参数见第 3 章 3.3.3。

4.2　化学法除磷

4.2.1　除磷原理

1.石灰沉淀法

正磷酸在氢氧根离子存在的条件下与钙离子反应生成羟基磷

酸钙沉淀。

$$3HPO_4^{2-} + 5Ca^{2+} + 4OH^- \longrightarrow Ca_5(OH)(PO_4)_3 \downarrow + 3H_2O$$

在此反应中，pH 值越高，磷的去除率越高。

这种方法主要是投加石灰使污水的 pH 值升高，随 pH 值的上升，处理水的总磷量减少，当 pH 值为 11 左右时，总磷浓度可以小于 0.5mg/L。为了使 pH 值达到所要求的数值，必须投加石灰消除碱度所带来的污水缓冲能力。投加石灰量主要取决于污水的碱度。

2. 金属盐沉淀法

采用的混凝剂有铝盐（硫酸铝、聚合氯化铝）、铁盐（氯化亚铁、氯化铁、硫酸亚铁、硫酸铁）等。

金属和磷的物质的量比为理论值的 2 倍以上。从沉淀物的溶解度来看，最适的 pH 值范围是：铝盐 pH 值为 6，亚铁盐及铁盐 pH 值分别为 8 和 4.5。

4.2.2 化学法除磷的影响因素

1. 石灰混凝时的影响因素

石灰混凝时的影响因素见表 4.1。

表 4.1 石灰混凝时的影响因素

$Ca(OH)_2$ 的投加量	pH 值	残磷量
100mg/L	>9	<2mg/L
>300mg/L	>11.5	<0.5mg/L

2. 金属盐混凝的影响因素

影响金属盐混凝除磷效果的因素有 pH 值和物质的量比。对于 Al（Ⅲ）和 Fe（Ⅲ）它们的最适 pH 值分别为 5～6 和 4 左右；当 pH=4 时，金属盐与正磷酸离子的物质的量比上升到 1.2，正磷酸盐的去除率呈直线增加，当物质的量比大于 1.4 时，磷基本被 100% 去除。

4.2.3 化学沉淀法除磷工艺

1. 化学沉淀法除磷的药剂

常用的化学除磷药剂分为两大类：金属药剂和碱性药剂。

金属药剂包括二价及三价铁盐和铝盐（氯化铝、硫酸铝等），高分子聚合物，如聚合铝盐（PAC）、聚合铁（PFS）等。实践中常用的为三价铁盐和铝盐，二价铁盐只有在水中的溶解氧含量相对较高的条件下使用。污水中投加金属盐药剂除磷的同时，可以改良污泥特性，但也增加了处理水的盐含量。

碱性药剂包括：20%～40%石灰乳；40%铝酸钠。对于高浓度含磷工业废水，金属盐的除磷效果远不如石灰法，石灰法除磷的同时需去除碱度，产生的 $CaCO_3$ 和 $Ca_5(OH)(PO_4)_3$ 形成共沉淀，通常 pH 大于 10 即可使出水磷小于 2mg/L，当 pH 大于 11.5 时，出水磷可小于 0.5mg/L。

2. 化学沉淀法除磷工艺

根据加药点的不同，化学沉淀工艺分为预沉淀、同步沉淀和后沉淀等，这几种工艺可以相互结合。

（1）预沉淀。

预沉淀工艺是在预沉池前加化学药剂。加药点一般设在沉砂池前的混合池，将初次沉淀池、二沉池底泥均回流部分至混合池，以利用其残余吸附性能。

预沉淀的优点：①可部分去除有机物，减轻后续处理的负荷；②产生较少污泥；③旧污水处理厂改造起来容易。

缺点：①增加污泥总量；②给反硝化带来困难；③沉淀污泥需单独处理。

（2）同步沉淀。

化学药剂直接投加到曝气池或二沉池进水，产生的可沉淀物在二沉池随活性污泥一同排出。

同步沉淀法的优点：①投加的药剂会随回流污泥回流，会使沉淀药剂得到充分利用；②投加到曝气池中时，可选用较便宜的二价铁盐；③金属盐类可使污泥更容易沉淀。

缺点：①金属盐的投加量受到限制；②污泥中的聚磷菌在厌氧条件下重新释放磷受到影响。

（3）后沉淀。

后沉淀是将沉淀与絮凝过程及絮凝物的分离，在生物处理后单独设置的构筑物内完成，因而也称为"二步法"工艺。这种工艺的化学药剂投加点位于二沉池之后的混合池，其后是絮凝池，最后是附加的沉淀池或气浮池。这种工艺因其附加的后沉淀设施造价增加，在实践中的使用受到限制。

后沉淀的主要优点：①单独去除磷，对后续处理没有影响；②加药的量可以根据磷的负荷随时调控；③处理效率高，可达93％～99％。

（4）两点加药工艺。

两点加药工艺在实践中也有应用。所谓两点加药就是将化学药剂分为两点加注到处理流程中，实际上是上述任意两沉淀方法的结合。这种投药方式的优点为除磷效果好，节省投药量。

4.3 生 物 法 除 磷

4.3.1 生物除磷的原理

污水生物除磷技术的发展起源于生物超量除磷现象的发现。生物超量除磷现象就是利用活性污泥微生物的磷吸收超过微生物正常生长所需要的磷量。在所有的污水生物除磷工艺流程中都包含厌氧操作段和好氧操作段，完成有机磷→无机磷→含磷微生物的转化，使剩余污泥的含磷量达到 $3％～7％$。由于进入剩余污泥的总磷量增大，处理出水的磷浓度明显降低。

4.3.2 生物除磷的影响因素

1. BOD 负荷和有机物的性质

污水生物除磷工艺中，厌氧段有机基质的种类、含量及其微生物营养物质的比值（BOD_5/TP）是影响除磷效果的重要因素。

不同的有机物为基质时，磷的厌氧释放和好氧摄取是不同的。小分子易降解的有机物诱导磷释放的能力较强；而高分子难降解的有机物诱导磷降解的能力较弱。一般认为，进水中 BOD_5/TP 要大于 15，才能保证良好的除磷效果。为此，有时可以采用部分进水和省去初沉池的方法来获得除磷所需的 BOD 负荷。

2. 溶解氧

溶解氧（DO）的影响包括两方面：一是必须在厌氧区中控制严格的厌氧条件，保证磷的充分释放；二是在好氧区中要供给充分的溶解氧，保证磷的充分吸收。一般厌氧段的溶解氧应严格控制在 0.2mg/L 以下，而好氧段的溶解氧控制在 2.0mg/L 以上。

3. 厌氧区硝态氮

硝态氮包括硝酸盐氮和亚硝酸盐氮，一方面其存在通过消耗基质来影响聚磷菌在厌氧段对于磷的释放，另一方面硝态氮的存在会引起微生物发生反硝化同样影响到磷的释放。

4. 温度

温度对除磷效果的影响不是很明显，因为在高温、中温、低温条件下，有不同的菌都具有生物脱磷能力，但低温运行时厌氧区的停留时间要更长一些，以保证发酵作用的完成和基质的吸收。实验表明在 5～30℃ 的范围内，都可以得到很好的除磷效果。

5. pH 值

实验证明 pH 值在 6.5～8.0 范围内时，磷的厌氧释放比较稳定。pH 值低于 6.5 时生物除磷的效果会大大降低。

6. 泥龄

由于生物除磷系统主要是通过排除剩余污泥去除磷的，因此剩余污泥的多少将决定系统的除磷效果。而泥龄的长短对污泥的摄磷作用及剩余污泥的排放量有着直接的影响。一般说来，泥龄越短，污泥含磷量越高，排放的剩余污泥量也越多，除磷效果越好。短的泥龄还有利于好氧段控制硝化作用的发生而有利于厌氧段的充分释磷，因此，一般仅以除磷为目的污水处理系统中，一般宜采用较短的泥龄。但过短的泥龄会影响出水的 BOD_5 和 COD，若泥龄过短可能会使出水的 BOD_5 和 COD 达不到要求。研究表明，以除磷为目的的生物处理工艺污泥龄一般控制在 3.5～7d。

一般来说厌氧区的停留时间越长，除磷效果越好。但过长的停留时间并不会太多地提高除磷效果，反而会有利于丝状菌的生长，使污泥的沉淀性能恶化，因此厌氧段的停留时间不宜过长。

4.3.3 污水生物除磷工艺

1. A_2/O 工艺

A_2/O 工艺流程如图 4.5 所示。A_2/O 工艺系统由厌氧池、好氧池和二沉池构成，污水和污泥顺次经厌氧和好氧交替循环流动。回流污泥进入厌氧池可吸收去除一部分有机物，并释放出大量磷，部分富磷污泥以剩余污泥的形式排出，实现磷的去除。

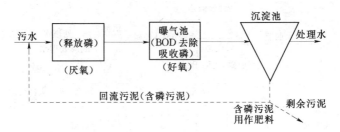

图 4.5 A_2/O 工艺流程

A_2/O 工艺流程简单，不需加化学药剂，基建和运行费用低。厌氧池在好氧池前，不仅有利于抑制丝状菌的生长，防止污泥膨胀，而且厌氧状态有利于聚磷菌的选择性增殖，污泥的含磷量可达到干重的 6%。A_2/O 工艺运行负荷高，泥龄和停留时间短，A_2/O 工艺的典型停留时间为厌氧区 0.5～1.0h，好氧区 1.5～2.5h，MLSS 为 2000～4000mg/L，由于污泥龄短，系统往往得不到硝化，回流污泥也就不会携带硝酸盐回到厌氧区。

A_2/O 工艺的问题是除磷效率低，处理城市污水时除磷效率在 75% 左右，出水含磷量约 1mg/L，很难进一步提高。原因是 A_2/O 系统中磷的去除主要依靠剩余污泥的排泥来实现，受运行条件和环境条件的影响较大，且在二沉池中还难免有磷的释放。如果进水中易降解的有机物含量低，聚磷菌较难直接利用也会导致在好氧段对磷的摄取能力降低。此部分内容详见第 3 章 3.3.4。

2. Phostrip 工艺

Phostrip 工艺由 Levin 在 1965 年首次提出。该工艺是在回流污泥的分流管线上增设一个脱磷池和化学沉淀池而构成。工艺流程如图 4.6 所示。废水经曝气池去除 BOD_5 和 COD，同时在好氧状态下过量地摄取磷。在二沉池中，含磷污泥与水分离，回流污泥一部分回流至曝气池，而另一部分分流至厌氧除磷池。由除磷池流出的富磷上清液进入化学沉淀池，投加石灰形成 $Ca_3(PO_4)_2$ 不溶沉淀物，通过排放含磷污泥去除磷。

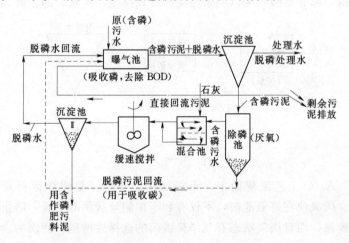

图 4.6　Phostrip 工艺

Phostrip 工艺把生物除磷和化学除磷结合到一起，与 A_2/O 工艺系统相比具有以下优点：①出水总磷浓度低，小于 1mg/L；②回流污泥中磷含量较低，对进水 P/BOD 没有特殊限制，即对进水水质波动的适应性较强；③大部分磷以石灰污泥的形式沉淀去除，因而污泥的处置不像高磷剩余污泥那样复杂；④Phostrip工艺还比较适合于对现有工艺的改造。

4.3.4　污水生物除磷工艺设计

设计要点和设计参数见第 3 章 3.3.4。

由于生物除磷系统是从普通活性污泥法和生物脱氮工艺发展起来的，故其设计计算可参见普通活性污泥法和生物脱氮工艺。

（1）A_2/O 法中好氧过程摄磷量 ΔP 可用式（4.2）计算：

$$\Delta P = YP_x \Delta BOD \qquad (4.2)$$

式中　P_x——污泥中含磷量，mgP/mgMLSS；

Y——污泥产率系数，$0.5 \sim 0.6$；

ΔBOD——去除的 BOD 量，mg。

（2）Phostrip 法摄磷量 ΔP 可用式（4.3）计算：

$$\Delta P = P_x \alpha \beta \times MLSS \qquad (4.3)$$

式中　α——污泥在厌氧池中释放的磷占总磷的比例；

β——回流到厌氧池中污泥量与污泥总量的比例；

$MLSS$——污泥产生总量，mg；

P_x——污泥含磷量，mgP/mgMLSS。

4.4　生物脱氮除磷

4.4.1　A-A-O 工艺

1. A-A-O 工艺

A-A-O 工艺，即 A_2/O 工艺，按实质意义来说，本工艺为厌氧—缺氧—好氧工艺。其工艺流程如图 4.7 所示。

（1）各个反应器单元功能与工艺特征。

1）厌氧反应器，原污水进入，同步进入的还有从沉淀池排出的含磷回流污泥，本反应器的主要功能是释放磷，同时部分有机物进行氮化。

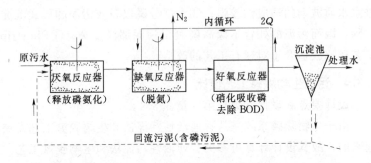

图 4.7　A_2/O 工艺

2）污水经过第一厌氧反应器进入缺氧反应器，本反应器的首要功能是脱氮，硝态氮是通过内循环由好氧反应器送来的，循环的混合液量较大，一般为 $2Q$（Q 为原污水流量）。

3）混合液从缺氧反应器进入到好氧反应器—曝气池，这一反应器单元是多功能的，去除 BOD、硝化和吸收磷等项反应都是在本反应器内进行的。流量为 $2Q$ 的混合液从这里回流到缺氧反应器中。

4）沉淀池的功能是泥水分离，污泥的一部分回流到厌氧反应器中。

（2）本工艺的特点。

1）本工艺较简单，水力停留时间较短。

2）在厌氧（缺氧）、好氧交替运行条件下，抑制丝状真菌的生长，无污泥膨胀，SVI 值一般均小于 100。

3）污泥中含磷浓度较高，具有很高的肥效。

4）运行中不需投药，运行成本低。

（3）本工艺的缺点。

1）除磷的效果难于再提高，污泥增长有一定的限制，不易提高，特别是当 P/BOD 值高时更是如此。

2）脱氮的效果也难于进一步提高。

3）进入沉淀池的处理水要保持一定浓度的溶解氧，减少停留时间，防止产生厌氧状态和污泥释放磷，但溶解氧浓度又不宜过高，以防循环混合液对缺氧反应器的干扰。

2. UTC 工艺

UTC 工艺是 A_2/O 工艺的一种改进，其工艺流程见图 4.8。

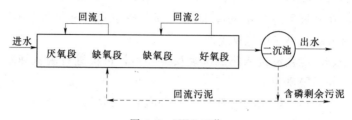

图 4.8 UTC 工艺

与 A_2/O 工艺相比不同点在于：污泥回流到缺氧池而不是厌氧池，再将缺氧池的混合液回流到厌氧池。将活性污泥回流到缺氧池，消除了硝酸盐对厌氧池的影响；缺氧池向厌氧池回流的混合液含较多的溶解性 BOD，而硝酸盐很少。缺氧混合液的回流为厌氧段内进行的发酵等提供了最优化的条件。

4.4.2 巴颠甫（Bardenpho）工艺

本工艺是以高效率同步脱氮、除磷为目的而开发的一项技术，可称其为 A_2/O_2 工艺。其工艺流程见图 4.9。

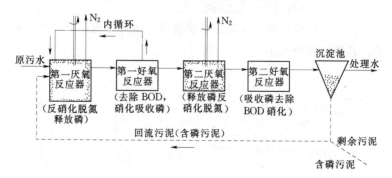

图 4.9 巴颠甫（Bardenpho）工艺

本工艺组成单元的功能为：

（1）污水进入第一厌氧反应器，本单元的首要功能是脱氮，含硝态氮的污水通过内循环来自第一好氧反应器，本单元的第二功能是污泥释放磷，而含磷污泥是从沉淀池排出回流来的。

（2）经第一厌氧反应器处理后的混合液进入第一好氧反应器，在好氧反应器中去除 BOD，部分硝化和小部分吸收磷后，混合液进入第二厌氧反应器。

（3）混合液进入第二厌氧反应器后，再次进行脱氮和释放磷，并以脱氮为主。

（4）第二好氧反应器中，首要功能为吸收磷，其次是进一步硝化，并去除一部分 BOD。

（5）在沉淀池中进行泥水分离，上清液作为处理水排放，含磷污泥的一部分作为回流污泥回到第一厌氧反应器，另一部分作为剩余污泥排出系统。

从此工艺可以看出：各种反应在系统中都进行了两次或两次以上，各反应单元都有其主要功能，并兼有其他功能，因此本工艺脱氮、除磷效果好，脱氮率达 90%～95%，除磷率达 97%。

本工艺的缺点是：工艺复杂，反应器单元多，运行繁琐，成本高。

4.4.3　生物转盘同步脱氮除磷工艺

在生物转盘系统中补建某些设备后，也可以有脱氮除磷的功能。其流程见图 4.10。

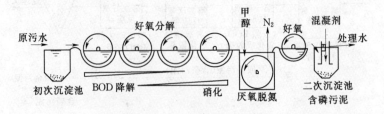

图 4.10　生物转盘同步脱氮除磷工艺

经预处理后的污水，首先经过两级生物转盘处理，降解BOD，在后二级转盘中，硝化反应逐渐强化，并形成亚硝酸氮和硝酸氮。其后增设淹没式转盘，形成厌氧状态，在这里发生反硝化反应，使氮以气体形式逸出，以达到脱氮的目的。为了补充厌氧所需碳源，向淹没式转盘设备中投加甲醇，过剩的甲醇使BOD值有所上升，为了去除这部分BOD值，在其后补设一座生物转盘。为了截住处理水中的脱落的生物膜，其后设二沉池。在二沉池的中央部位设混合反应室，投加的混凝剂在其中进行反应，产生除磷效果，从二沉池中排放含磷污泥。

参考文献

［1］ 张自杰. 排水工程·下册.4 版. 北京：中国建筑工业出版社，2000.

［2］ 北京市市政工程设计研究总院. 给水排水设计手册（第 5 册）——城镇排水.2 版. 北京：中国建筑工业出版社，2004.

［3］ 王宝贞，沈耀良. 废水生物处理新技术：理论与应用. 北京：中国环境科学出版社，1999.

［4］ 高廷耀，顾国维. 水污染控制工程·下册. 2 版. 北京：高等教育出版社，1999.

［5］ 顾夏声，李献文，竺建荣. 水处理微生物学.3 版. 北京：中国建筑工业出版社，1998.

［6］ 张自杰. 废水处理理论与设计. 北京：中国建筑工业出版社，2003.

［7］ 王凯军，贾立敏. 城市污水生物处理新技术开发与应用. 北京：化学工业出版社，2002.

第5章 污水深度处理

污水的深度处理是进一步去除常规二级处理所不能完全去除的污水中杂质的净化过程，其目的是为了实现污水的回收和再利用。

深度处理通常由以下单元优化组合而成：混凝沉淀（澄清、气浮）、过滤、活性炭吸附、脱氨、脱二氧化碳、离子交换、微滤、超滤、纳滤、反渗透、电渗析、臭氧氧化、消毒等。

5.1 混 凝 沉 淀

5.1.1 混凝

混凝是向水中投加化学药剂，通过快速混合，使药剂均匀分散在污水中，然后慢速混合形成大的可沉絮体。胶体颗粒脱稳碰撞形成微粒的过程称为凝聚，微粒在外力扰动下相互碰撞，聚集而形成较大絮体的过程称为絮凝，絮凝过程一般称为"反应"。混合、凝聚、絮凝合起来称为混凝，它是污水深度处理的重要环节。混凝产生的较大絮体通过后续的沉淀或澄清、气浮等从水中分离出去。

5.1.2 混凝剂的投加

1. 混凝剂的投加方法

混凝剂的投加分干投法和湿投法两种。

干投法是将经过破碎易于溶解的固体药剂直接投放到被处理的水中。其优点是占地面积少，但对药剂的粒度要求较高，投配量控制较难，机械设备要求较高，而且劳动条件也较差，故这种方法现在使用较少。

干投的流程是：药剂输送→粉碎→提升→计量→混合池。

目前用得较多的是湿投法，即先把药剂溶解并配成一定浓度的溶液后，再投入到被处理的水中。

湿投法的流程是：溶解池→溶液池→定量控制→投加设备→混合池（混合器）。

2. 混凝工艺流程

混凝剂投加的工艺过程包括混凝剂配制及投加、混合和絮凝3个步骤，以湿投法为例，混凝处理的工艺流程如图5.1所示。

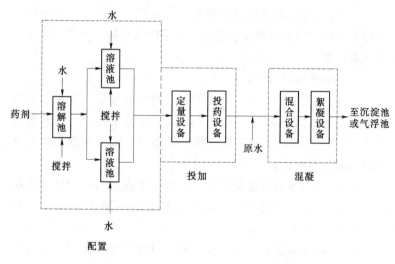

图 5.1　湿投法混凝处理工艺流程示意图

3. 药液配制设备

（1）溶解池设计要点。

1）溶解池数量一般不少于两个，以便交替使用，容积为溶液池的 $20\%\sim30\%$。

2）溶解池设有搅拌装置，目的是加速药剂溶解速度及保持均匀的浓度。搅拌可采用水力、机械或压缩空气等方式，具体由用药量大小及药剂性质决定，一般用药量大时用机械搅拌，用药量小时用水力搅拌。

3）为便于投加药剂，溶解池一般为地下式，通常设置在加药间的底层，池顶高出地面 0.2m，投药量少采用水力淋溶时，池顶宜高出地面 1m 左右，以减轻劳动强度，改善操作条件。

4）溶解池的底坡不小于 0.02，池底应有直径不小于 100mm 的排渣管，池壁必须设超高，防止搅拌溶液时溢出。

5）溶解池一般采用钢筋混凝土池体，若其容量较小，可用耐酸陶土缸做溶解池。当投药量较小时，也可在溶液池上部设置淋溶斗以代替溶解池。

6）凡与混凝剂溶液接触的池壁、设备、管道等，应根据药剂的腐蚀性采取相应的防腐措施或采用防腐材料，使用三氯化铁时尤需注意。

（2）溶液池设计要点。

1）溶液池一般为高架式或放在加药间的楼层，以便能重力投加药剂。池周围应有宽度为 1.0～1.5m 的工作台，池底坡度不小于 0.02，底部应设置放空管。必要时设溢流装置，将多余溶液回流到溶解池。

2）混凝剂溶液浓度低时易于水解，造成加药管管壁结垢和堵塞，溶液浓度高时则投加量较难准确，一般以 10%～15%（按商品固体质量计）较合适。

3）溶液池的数量一般不少于两个，以便交替使用，其容积可按式（5.1）计算：

$$W_1 = 24 \times 100 \alpha Q / (1000 \times 1000 cn) = \alpha Q / 417 cn \qquad (5.1)$$

式中　W_1——溶液池容积，m^3；

Q——处理的水量，m^3/h；

α——混凝剂量大投加量，mg/L；

c——溶液浓度（按固体质量计），%；

n——每日调制次数，一般为 2～6 次，手工一般不多于
　　　3 次。

4. 投药设备

投药设备包括计量和投加两个部分。

(1) 计量设备。

计量设备多种多样，应根据具体情况选用。目前常用的计量设备有转子流量计、电磁流量计、苗嘴、计量泵等。采用苗嘴计量仅适用于人工控制，其他计量设备既可人工控制，也可自动控制。

(2) 投加方式。

根据溶液池液面高低，一般有重力投加和压力投加两种方式。

5.1.3 混合设施

原水中投加混凝剂后，应立即瞬时强烈搅动，在很短时间（10～20s）内，将药剂均匀分散到水中，这一过程称为混合。在投加高分子絮凝剂时，只要求混合均匀，不要求快速、强烈的搅拌。

混合设备应靠近絮凝池，连接管道内的流速为 0.8～1.0m/s，主要混合设备有水泵叶轮、压力水管、静态混合器或混合池等。

利用水力的混合设备，如压力水管、静态混合器等，虽然比较简单，但混合强度随着流量的增减而变化，因而不能经常达到预期的效果。利用机械进行混合，效果较好，但必须有相应设备，并增加维修工作量。

5.1.4 絮凝设施

絮凝设施主要设计参数为搅拌强度和絮凝时间。搅拌强度用絮凝池内水流的速度梯度 G 表示，絮凝时间以 T 表示。GT 值间接表示整个絮凝时间内颗粒碰撞的总次数，可用来控制絮凝效果，根据生产运行经验，其值一般应控制在 $10^4 \sim 10^5$ 之间为宜（T 的单位是 s）。在设计计算完成后，应校核 GT 值，若不符合要求，应调整水头损失或絮凝时间 T 进行重新设计。

絮凝池（室）应和沉淀池连接起来建造，这样布置紧凑，可节省造价。如果采用管渠连接不仅增加造价，由于管道流速大而易使已结大的絮凝体破碎。

絮凝设备也可分为水力和机械两大类。前者简单，但不能适应流量的变化；后者能进行调节，适应流量变化，但机械维修工作量较大。絮凝池形式的选择，应根据水质、水量、处理工艺高程布置、沉淀池形式及维修条件等因素确定。

5.1.5 混凝剂

我国市场上常见的无机絮凝剂品种见表5.1。

表5.1 常见无机絮凝剂的分类及主要品种

铝系	低分子	硫酸—铝钾（明矾）	$Al_2(SO_4)_3 \cdot K_2SO_4 \cdot 24H_2O$	KA	$pH=6.0\sim8.5$
		硫酸铝	$Al_2(SO_4)_3$	AS	
		结晶氯化铝	$AlCl_3 \cdot nH_2O$	AC	
		铝酸钠	$NaAl_2O_4$	SA	
	高分子	聚合氯化铝	$[Al_2(OH)_nCl_{6-n}]_m$	PAC	
		聚合硫酸铝	$[Al_2(OH)_n(SO_4)_{3-n/2}]_m$	PAS	
铁系	低分子	硫酸亚铁（绿矾）	$FeSO_4 \cdot 7H_2O$	FSS	$pH=8.0\sim11$
		硫酸铁	$Fe_2(SO_4)_3 \cdot 3H_2O$	FS	
		三氯化铁	$FeCl_3 \cdot 6H_2O$	FC	
	高分子	聚合硫酸铁	$[Fe_2(OH)_n(SO_4)_{3-n/2}]_m$	PFS	$pH=4.0\sim11$
		聚合氯化铁	$[Fe_2(OH)_nCl_{6-n}]_m$	PFC	
其他	低分子	钙盐	$Ca(OH)_2$	CC	$pH=9.5\sim14$
		镁盐	MgO，$MgCO_3$	MC	
		硫酸铝铵	$(NH_4)_2SO_4 \cdot Al_2(SO_4)_3 \cdot 24H_2O$	AAS	$pH=8.0\sim11$
	高分子	聚硅氯化铝	—	PASC	$pH=4.0\sim11$
		聚硅硫酸铝	$Al_A(OH)_B(SO_4)_C(SiO_x)_D(H_2O)_E$	PASS	
		聚硅硫酸铁	—	PAFS	

5.1.6 平流式沉淀池

平流式沉淀池的设计应使进出水流平稳，池内水流均匀分布，提高容积利用率，改善沉降效果和便于排泥。

在二级处理出水再混凝沉淀时，平流式沉淀池的主要设计要点如下：

(1) 混凝沉淀时，出水悬浮物含量一般不超过 10mg/L。

(2) 池数或分格数一般不少于 2 个。

(3) 沉淀时间应根据原水水质和沉淀后的水质要求，通过试验确定，在污水深度处理中宜为 2.0～4.0h。

(4) 池内平均水平流速宜为 4～10mm/s。

(5) 表面水力负荷在采用铁盐或铝盐混凝时，按平均日流量计不大于 $1.25m^3/(m^2 \cdot h)$，按最大时流量计不大于 $1.6m^3/(m^2 \cdot h)$。

(6) 有效水深一般为 3.0～4.0m，超高一般为 0.3～0.5m。

(7) 池的长宽比应不小于 4：1，每格宽度或导流墙间距一般采用 3～8m，最大为 15m，采用机械排泥时，宽度根据排泥设备确定。

(8) 池子的长深比一般采用 8～12。

(9) 入口的整流措施（图 5.2），可采用溢流式入流装置，并设置有：①孔整流墙（穿孔墙）；②底孔式入流装置，底部设

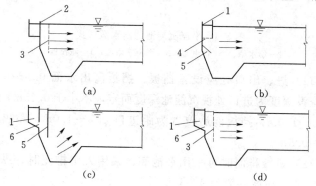

图 5.2 平流沉淀池入口的整流措施

1—进水槽；2—溢流堰；3—有孔整流墙；4—底孔；5—挡流板；6—潜孔

有挡流板；③淹没孔与挡流板的组合；④淹没孔与有孔整流墙的组合。有孔整流墙的开孔面积为过水断面的 6%～20%。

（10）出口的整流措施可采用溢流式集水槽，集水槽的形式如图 5.3 所示，溢流式出水堰的形式如图 5.4 所示，其中锯齿形三角堰应用最普遍，水面宜位于齿高的 1/2 处。为适应水流的变化或构筑物的不同沉降，在堰口处设置使堰板能上下移动的调整装置。

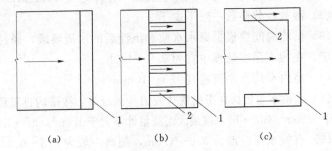

图 5.3 平流沉淀池的集水槽形式

1—集水槽；2—集水支渠

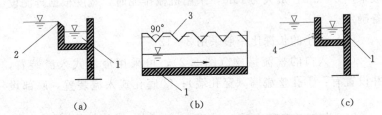

图 5.4 平流沉淀池的出水堰形式

1—集水槽；2—自由堰；3—锯齿三角堰；4—淹没堰口

（11）进、出口处应设置挡板，挡板高出水面 0.1～0.5m。挡板淹没深度为进口处视沉淀池深度而定，不小于 0.25m，一般为 0.5～1.0m，挡板前后位置为距进口 0.5～1.0m，距出水口 0.25～0.5m。

（12）机械排泥时可采用平池底，采用人工排泥时，纵坡一般为 0.02，横坡一般为 0.05。

（13）排泥管直径应大于 150mm。

（14）泄空时间一般不超过 6h。

5.2 过　滤

过滤是使污水通过颗粒滤料或其他多孔介质（如布、网、纤维束等），利用机械筛滤作用、沉淀作用和接触絮凝作用截留水中的悬浮杂质，从而改善水质的方法。根据过滤材料不同，过滤可分为颗粒材料过滤和多孔材料过滤两类。本节主要简单介绍以颗粒材料为介质的滤池过滤，在城市排水处理中常用的多孔材料过滤主要以膜分离过滤为主，将在本章5.6节中介绍。

5.2.1　常用滤池

滤池种类很多，但其过滤过程均基于砂床过滤原理而进行，所不同的仅是滤料设置方法、进水方式、操作手段和冲洗设施等。

滤池的池型，可根据具体条件，通过比较确定。几种常用滤池的特点及适用条件，列于表5.2中。

5.2.2　滤池设计要求

在污水深度处理工艺中，滤池的设计应该符合以下要求。

（1）滤池的进水浊度宜小于10NTU。

（2）滤池应采用双层滤料滤池、单层滤料滤池、均质滤料滤池。

（3）双层滤池滤料可采用无烟煤和石英砂。滤料厚度为无烟煤300～400mm、石英砂400～500mm、滤速宜为5～10m/h。

（4）单层石英砂滤料滤池，滤料厚度可采用700～1000mm，滤速宜为4～6m/h。

（5）均质滤料滤池的厚度可采用1.0～1.2m，粒径0.9～1.2mm，滤速宜为4～5m/h。

（6）滤池宜设气水冲洗或表面冲洗辅助系统。

（7）滤池的工作周期宜采用12～24h。

（8）滤池的构造形式，可根据具体条件通过比较确定。

（9）滤池应备有冲洗水管，以备冲洗滤池表面污垢和泡沫。

滤池设在室内时，应安装通风装置。

表 5.2　　　　　　　常用滤池的特点及适用条件

名称		性 能 特 点	使 用 条 件	
			进水浊度（NTU）	规模
普通快滤池	单层滤料	优点： 1. 运行管理可靠，有成熟的运行经验； 2. 池深较浅。 缺点： 1. 阀件较多； 2. 一般为大阻力冲洗，必须设冲洗设备	一般不超过20	1. 大、中、小型水厂均可适用； 2. 单池面积一般不大于100m²
	双层滤料	优点： 1. 滤速比其他滤池高； 2. 除污能力较大（为单层滤料的1.5～2.0倍），工作周期较长； 3. 无烟煤做滤料易取得。 缺点： 1. 滤料粒径选择较严格； 2. 冲洗时操作要求较高，常因煤粒不符合规格，发生跑煤现象； 3. 煤砂之间易积泥	一般不超过20，个别时间不超过50	1. 大、中、小型水厂均适用； 2. 单池面积一般不大于100m²； 3. 用于改建旧普通快滤池（单层滤料）以提高出水量
接触双层滤料滤池		优点： 1. 可一次净化原水，处理构筑物少，占地较少； 2. 基建投资低。 缺点： 1. 加药管理复杂； 2. 工作周期较短； 3. 其他缺点同双层滤料普通快滤池	一般不超过150	据目前运行经验，用于5000m³/d以下水厂较合适
虹吸滤池		优点： 1. 不需大型闸阀，可节省阀井； 2. 不需冲洗水泵或水箱； 3. 易于实现自动化控制。 缺点： 1. 一般需设置抽真空的设备； 2. 池深较大，结构较复杂	一般不超过20	1. 适用于大、中型水厂； 2. 一般采用小阻力排水，每格池面积不宜大于25m²

续表

名称		性能特点	使用条件	
			进水浊度（NTU）	规模
无阀滤池	重力式	优点： 1. 一般不设闸阀； 2. 管理维护简单，能自动冲洗。 缺点：清砂较为不便	一般不超过20，个别时间不超过50	1. 适用于中、小型水厂； 2. 单池面积一般不大于25m²
	压力式	优点： 1. 可一次净化，单独成一小水厂； 2. 可省去二级泵站； 3. 可作为小型、分散、临时性供水。 缺点：清砂较为不便，其他缺点同接触双层滤料滤池	一般不超过150	1. 适用于小型水厂； 2. 单池面积一般不大于5m²
压力滤池		优点： 1. 滤池多为钢罐，可预制； 2. 移动方便，可用做临时性给水； 3. 用做接触过滤时，可一次净化原水，省去二级泵站。 缺点： 1. 需耗用钢材； 2. 清砂不够方便； 3. 用做接触过滤时，缺点同接触双层滤池	一般不超过20或一般不超过150	1. 适用于小型水厂及工业给水； 2. 可与除盐、软化交换床串联使用

5.3　消　毒

消毒方法大体上可分为物理法和化学法两大类。物理法主要有加热、冷冻、辐射、紫外线和微波消毒等方法，化学法是利用各种化学药剂进行消毒。常用消毒方法见表5.3。

表5.3　　　　　**常用消毒方法**

消毒方法 项目	液氯	臭氧	二氧化氯	紫外线
投加量（mg/L）	10	10	2～5	
接触时间（min）	10～30	5～10	10～20	1

续表

消毒方法 项目	液氯	臭氧	二氧化氯	紫外线
杀灭细菌效果	有效	有效	有效	有效
杀灭病毒效果	部分有效	有效	部分有效	部分有效
杀灭芽孢效果	无效	有效	无效	无效
优点	便宜，工艺成熟，有后续消毒作用	除色、臭味效果好，现场发生，无毒	杀菌效果好，气味小，可现场发生	快速，无须化学药剂
缺点	对某些病毒、芽孢无效，有残毒和臭味	比氯昂贵，无后续作用	维修管理要求较高	无后续作用，对浊度要求高
用途	各种场合	小规模污水处理厂	污水回用及小规模污水处理厂	污水回用，及小型污水处理厂

5.3.1 液氯消毒

液氯消毒的工艺流程如图 5.5 所示。液氯消毒的效果与水温、pH 值、接触时间、混合程度、污水浊度及所含干扰物质、有效氯含量有关。加氯量应根据试验确定，对于生活污水，可参考下列数值：一级处理水排放时，加氯量为 20~30mg/L；不完全二级处理水排放时，加氯量为 10~15mg/L；二级处理水排放时，加氯量为 5~10mg/L。混合反应时间为 5~15s。当采用鼓风混合时，鼓风强度为 $0.2m^3/(m^3 \cdot min)$。用隔板式混合池时，池内平均流速不应小于 0.6m/s。加氯消毒的接触时间应不小于 30min，处理水中游离性余氯量不低于 0.5mg/L，液氯的固定储

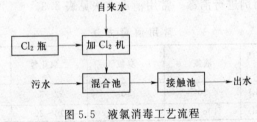

图 5.5 液氯消毒工艺流程

备量一般按最大用量的 30d 计算。

5.3.2 二氧化氯消毒

二氧化氯消毒也是氯消毒法中的一种，但它又有与通常的氯消毒法有不同之处：二氧化氯一般只起氧化作用，不起氯化作用，因此它与水中杂质形成的三氯甲烷等要比氯消毒少得多。与氯不同，二氧化氯的一个重要特点是在碱性条件下仍具有很好的杀菌能力。实践证明，在 pH＝6～10 范围内二氧化氯的杀菌效率几乎不受 pH 值影响。二氧化氯与氨也不起作用，因此在高 pH 值的含氨系统中可发挥极好的杀菌作用。二氧化氯的消毒能力次于臭氧而高于氯。

与臭氧相比，其优越之处在于它有剩余消毒效果，但无氯臭味。通常情况下二氧化氯也不能储存，一般只能现场制作使用。近年来二氧化氯用于水处理工程有所发展，国内也有了一些定型设备产品可供工程设计选用。

在城市污水深度处理工艺中，二氧化氯投加量与原水水质有关，一般为 2～8mg/L，实际投加量应由试验确定，必须保证管网末端有 0.05mg/L 的剩余氯。

二氧化氯的制备方法主要分 2 大类：化学法和电解法。化学法主要以氯酸盐、亚氯酸盐、盐酸等为原料；电解法常以工业食盐和水为原料。二氧化氯消毒设备原理及投加工艺如图 5.6 所示。

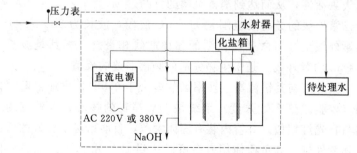

图 5.6　二氧化氯消毒设备原理及投加示意图

（虚线框内为设备部分）

5.3.3　臭氧消毒

臭氧消毒的工艺流程见图 5.7 所示。臭氧在水中的溶解度为 10mg/L 左右，因此通入污水中的臭氧往往不可能全部被利用，为了提高臭氧的利用率，接触反应池最好建成水深为 5～6m 的深水池、或建成封闭的几格串联的接触池、设管式或板式微孔扩散器散布臭氧。扩散器用陶瓷或聚氯乙烯微孔塑料或不锈钢制成。臭氧消毒迅速，接触时间可采用 15min，能够维持的剩余臭氧量为 0.4mg/L。接触池排出的剩余臭氧，具有腐蚀性，因此需作消除处理。臭氧不能贮存，需现场边发生边使用。

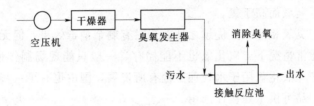

图 5.7　臭氧消毒流程

5.3.4　UV 消毒

紫外（UV）消毒技术是利用特殊设计制造的高强度、高效率和长寿命的 C 波段 254nm 紫外光发生装置产生的强紫外光照射水流，使水中的各种病原体细胞组织中的 DNA 结构受到破坏而失去活性，从而达到消毒杀菌的目的。

紫外线的最有效范围是 UV－C 波段，波长为 200～280nm 的紫外线正好与微生物失活的频谱曲线相重合，尤其是波长为 254nm 的紫外线，是微生物失活的频谱曲线的峰值。

紫外灯与其镇流器（功率因数能大于 0.98），再加上监测控制（校验调整 UV 强度）系统是 UV 消毒的核心。紫外灯的结构与日光灯相似，灯管内装有固体汞源，目前市场上较好的低压高强紫外灯，满负荷使用寿命可以达到 12000h 以上，而且可以通过监测控制系统将灯光强度在 50%～100% 之间无级调整，根据水量的变化随时调整灯光强度，以便达到既节约能耗又保证消毒效果。紫外线剂量的大小是决定微生物失活的关键。紫外线剂量不够只能对致病微生物的 DNA 造成伤害，而不是致命的破坏，这些受伤的致病微生物在见到可见光后会逐渐自愈复活。

紫外线剂量＝紫外线强度×曝光时间。

在接触池形状和尺寸已定即曝光时间已定的情况下，进入水中的紫外线剂量与紫外灯的功率、紫外灯石英套管的洁净程度和污水的透光率等 3 个因素有关。

由于紫外灯直接与水接触，当水的硬度较大时，随着时间的延长，灯管表面必然会结垢，影响紫外光进入水中的强度、导致效率降低和能耗增加。化学清洗除了要消耗药剂外，还要将消毒装置停运，因此实现自动清洗防止灯管表面结垢是 UV 消毒技术运行中的最实际问题。

接触水槽的水流状态必须处于紊流状态，一般要求水流速度不小于 0.2m/s，如果水流处于层流状态，因为紫外灯在水中的分布不可能绝对均匀，所以水流平稳地流过紫外灯区，部分微生物就有可能在紫外线强度较弱的部位穿过，而紊流状态可以使水流充分接近紫外灯，达到较好的消毒效果。

5.4　活性炭吸附技术

活性炭吸附工艺是水和废水处理中能去除大部分有机物和某些无机物的最有效的工艺之一，因此，它被广泛地应用在污水回用深度处理工艺中。但是研究发现，在二级出水中有些有机物是活性炭吸附所去除不了的。能被活性炭吸附去除的有机物，主要有苯基醚、正硝基氯苯、萘、苯乙烯、二甲苯、酚类、DDT、醛类、烷基苯磺酸以及多种脂肪族和芳香族的烃类物质。因此，活性炭对吸附有机物来说也不是万能的，仍然需要组合其他工艺，如反渗透、超滤、电渗析、离子交换等工艺手段，才能使污水回用深度处理达到预定目的。

进行活性炭吸附工艺设计时，必须注意：应当确定采用何种吸附剂，选择何种吸附操作方式和再生模式，对进入活性炭吸附前的水进行预处理和后处理措施等。这些一般均需要通过静态吸附试验和动态吸附试验来确定吸附剂、吸附容量、吸附装置、设计参数、处理效果和技术经济指标等。

5.4.1　活性炭的种类

污水深度处理中常用的活性炭材料有两种，即粒状活性炭（GAC）和粉状活性炭（PAC）。当进行吸附剂的选择设计时，产品的型号是首先要考虑的。在我国国家标准 GB 12495—90 活性炭型号命名法中规定了各类活性炭产品型号命名方法。

有些活性炭商品尽管型号相同，由于品牌不同，生产厂家不同，甚至批号不同，其性能指标也相差较大。因此，进行工艺设计，对活性炭吸附剂进行选择设计时，非常有必要对拟选活性炭吸附剂商品做性能指标试验，对活性炭吸附剂的选择进行评价。

活性炭吸附性能的简单试验常用有 4 种方法：碘值法，ABS法，亚甲基蓝吸附值法和比表面积 BET 法。具体实验操作方法请参阅相关资料。

5.4.2　影响吸附的因素

影响活性炭吸附的主要因素如下。

1. 活性炭本身的性质

活性炭本身孔径的大小及排列结构会显著影响活性炭的吸附特性。活性炭的比表面积越大，其吸附量将越大。常用的活性炭比表面积一般在 $500\sim1000m^2/g$，可近似地以其碘值（对碘的吸附量，mg/g）来表示。

2. 废水的 pH 值

活性炭一般在酸性溶液中比在碱性溶液中有较高的吸附率。

3. 温度

在其他条件不变的情况下，温度升高吸附量将会减少，反之吸附量增加。

4. 接触时间

在进行吸附操作时，应保证吸附质与活性炭有一定的接触时间，使吸附接近平衡，以充分利用活性炭的吸附能力。吸附平衡所需的时间取决于吸附速度。一般应通过试验确定最佳接触时间，通常采用的接触时间在 $0.5 \sim 1h$ 范围内。

5. 生物协同作用

多种环境化学物同时作用于机体所产生的生物学作用的强度远超过各自作用的总和。

5.4.3 吸附操作类型

在废水处理中，活性炭吸附操作分为静态、动态两种。在废水不流动的条件下进行的吸附操作称为静态吸附操作。静态吸附操作的工艺过程是，把一定数量的活性炭投入要处理的废水中，不断地进行搅拌，达到吸附平衡后，再用沉淀或过滤的方法使废水和活性炭分开。如一次吸附后出水的水质达不到要求时，可以采取多次静态吸附操作。多次吸附由于操作麻烦，所以在废水处理中采用较少。静态吸附常用的处理设备有水池和反应槽等。

动态吸附是在废水流动条件下进行的吸附操作。废水处理中采用的动态吸附设备有固定床、移动床和流化床 3 种方式。

5.4.4 吸附设备和装置

1. 固定床

固定床是水处理工艺中最常用的一种方式，如图 5.8 所示。固定床根据水流方向又分为升流式和降流式两种形式。降流式固定床的出水水质较好，但经过吸附层的水头损失较大。特别是处理含悬浮物较高的废水时，为了防止悬浮物堵塞吸附层，需定期进行反冲洗。有时需要在吸附层上部设反冲洗设备。

在升流式固定床中，当发现水头损失增大时，可适当提高水流流速，使填充层稍有膨胀（上下层不能互相混合）就可以达到自清的目的。这种方式由于层内水头损失增加较慢，所以运行时间较长，但对废水入口处（底层）吸附层的冲洗难于降流式，另外由于流量变动或操作一时失误就会使吸附剂流失。

固定床可分为单床式、多床串联式和多床并联式三种，如图 5.9 所示。

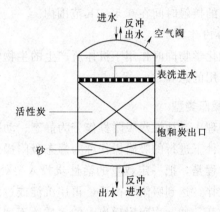

图 5.8　固定床吸附塔构造示意图

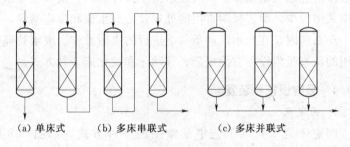

（a）单床式　　　（b）多床串联式　　　（c）多床并联式

图 5.9　固定床吸附操作示意图

废水处理采用的固定床吸附设备的大小和操作条件，根据实际设备的运行资料建议采用表 5.4 数据。

表 5.4　　　　　固定床吸附设备建议采用的设计资料

塔径	1～3.5m	容积速度	$2m^3/(h \cdot m^3)$ 以下（固定床）
填充层高度	3～10m		$5m^3/(h \cdot m^3)$ 以下（移动床）
填充层与塔高比	1:1～1:4	线速度	2～10m/h（固定床）
活性炭粒径	0.5～2mm		
接触时间	10～50min		10～30m/h（移动床）

容积速度即单位容积吸附剂在单位时间内通过处理水的容积数；线速度即单位时间内水通过吸附层的线速度，又称空塔速度。

2. 移动床

移动床的运行操作方式如图5.10所示。原水从吸附塔底部流入和活性炭进行逆流接触，处理后的水从塔顶流出。再生后的活性炭从塔顶加入，接近吸附饱和的炭从塔底间歇地排出。

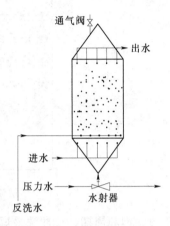

图 5.10　移动床吸附塔的运行操作方式

这种方式较固定床式能够充分利用吸附剂的吸附容量，水头损失小。由于采用升流式废水从塔底流入，从塔顶流出，被截留的悬浮物随饱和的吸附剂间歇地从塔底排出，所以不需要反冲洗设备。但这种操作方式要求塔内吸附剂上下层不能互相混合，操作管理要求严格。

3. 流化床

流化床不同于固定床和移动床的地方，是由下往上的水使吸附剂颗粒相互之间有相对运动，一般可以通过整个床层进行循环，起不到过滤作用，因此适用于处理悬浮物含量较高的污水。多层流化床的操作方式见图5.11。

5.4.5　设计要点和参数

（1）活性炭处理属于深度处理工艺，通常只在废水经过其他常规的工艺处理之后，出水的个别水质指标仍不能满足排放要求时才考虑采用。

（2）确定选用活性炭工艺之前，应取前段处理工艺的出水或水质接近的水样进行炭柱试验，并对不同品牌规格的活性炭进行筛选，然后通过试验得出主要的设计参数，例如水的滤速、出水

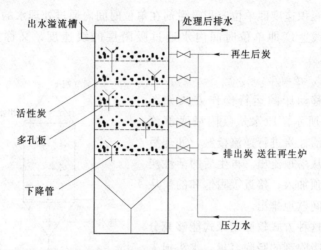

图 5.11　多层流化床的运行操作方式

水质、饱和周期、反冲洗最短周期等。

（3）活性炭工艺进水一般应先经过过滤处理，以防止由于悬浮物较多造成炭层表面堵塞。同时进水有机物浓度不应过高，避免造成活性炭过快饱和，这样才能保证合理的再生周期和运行成本。当进水 COD 浓度超过 50～80mg/L 时，一般应考虑采用生物活性炭工艺进行处理。

（4）对于中水处理或某些超标污染物浓度经常变化的处理工艺，对活性炭处理单元应设跨越或旁通管路，当前段工艺来水在一段时间内不超标时，则可以及时停用活性炭单元，这样可以节省活性炭床的吸附容量，有效地延长再生或更换周期。

（5）采用固定床应根据活性炭再生或更换周期情况，考虑设计备用的池子或炭塔。移动床在必要时也应考虑备用。

（6）由于活性炭与普通钢材接触将产生严重的电化学腐蚀，所以设计活性炭处理装置及设备时应首先考虑钢筋混凝土结构或不锈钢、塑料等材料。如选用普通碳钢制作时，则装置内表面必须采用环氧树脂衬里，且衬里厚度应大于 1.5mm。

（7）使用粉状炭时，必须考虑防火防爆，所配用的所有电器设备也必须符合防爆要求。

（8）主要设计参数见表5.5。

表 5.5　　　　　　　　　　活性炭吸附设计参数

固定床炭层厚度	1.0～2.5m	反冲洗周期	3～5d
过滤线速度（升流式）	9～25m/h	反冲洗膨胀率	30%～40%
过滤线速度（降流式）	7～12m/h	水在炭层停留时间	10～30min
反冲洗水线速度	28～32m/h	粉状炭处理炭水接触时间	≥10min
反冲洗时间	10～15min		

5.4.6　活性炭的再生

1. 高温加热再生法

水处理粒状炭的高温加热再生过程分5步进行：

（1）脱水使活性炭和输送液体进行分离。

（2）干燥加温到100～150℃，将吸附在活性炭细孔中的水分蒸发出来，同时部分低沸点的有机物也能够挥发出来。

（3）炭化加热到300～700℃，高沸点的有机物由于热分解，一部分成为低沸点的有机物进行挥发，另一部分被炭化留在活性炭的细孔中。

（4）活化将炭化阶段留在活性炭细孔中的残留炭，用活化气体（如水蒸气、二氧化碳及氧）进行气化，达到重新造孔的目的，活化温度一般为700～1000℃。

（5）冷却活化后的活性炭用水急剧冷却，防止氧化。

上述干燥、炭化和活化3步在一个直接燃烧立式多段再生炉中进行。图5.12所示的是目前采用最广泛的一种。再生炉体为钢壳内衬耐火材料，内部分隔成4～9段炉床，中心轴转动时带动把柄使活性炭自上段向下段移动。该再生炉为6段，第一、二段用于干燥，第三、四段用于炭化，第五、六段为活化。

从再生炉排出的废气中含有甲烷、乙烷、乙烯、焦油蒸气、二氧化硫、二氧化碳、一氧化碳、氢以及过剩的氧等。为了防止废气污染大气，可将排出的废气先送入燃烧器燃烧后，再进入水洗塔除去粉尘和有臭味物质。

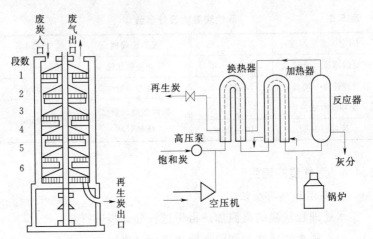

图 5.12　多段立式再生炉　　　图 5.13　湿式氧化再生流程

2. 化学氧化再生法

活性炭的化学氧化再生又分为下列 3 种方法。

（1）湿式氧化法。

在某些处理工程中，为了提高曝气池的处理能力，向曝气池内投加粉状炭，吸附饱和后的粉状炭可采用湿式氧化法进行再生。其工艺流程如图 5.13 所示。饱和炭用高压泵经换热器和水蒸气加热后送入氧化反应塔。在塔内被活性炭吸附的有机物与空气中的氧反应，进行氧化分解。使活性炭得到再生。再生后的炭经热交换器冷却后，送入再生炭储槽。在反应器底积集的无机物（灰分）定期排出。

（2）电解氧化法。

将碳作为阳极进行水的电解，在活性炭表面产生的氧气把吸附质氧化分解。

（3）臭氧氧化法。

利用强氧化剂臭氧，将吸附在活性炭上的有机物加以分解。

3. 溶剂再生法

用溶剂将被活性炭吸附的物质解吸下来。常用的溶剂有酸、碱及苯、丙酮、甲醇等。此方法在制药等行业常有应用，有时还可以进一步由再生液中回收有用物质。

4. 生物再生活性炭法

利用微生物的作用，将被活性炭吸附的有机物加以氧化分解。在再生周期较长、处理水量不大的情况下，可以将炭粒内的活性炭一次性卸出，然后放置在固定的容器内进行生物再生，待一段时间后活性炭内吸附的有机物基本上被氧化分解，炭的吸附性能基本恢复时即可重新使用。另外也可以在活性炭吸附处理过程中，同时向炭床鼓入空气，以供炭粒上生长的微生物生长繁殖和分解有机物的需要。这样整个炭床就处在不断地由水中吸附有机物，同时又在不断氧化分解这些有机物的动态平衡中。因此炭的饱和周期将成倍地延长，甚至在有的工程实例中一批炭可以连续使用 5 年以上。这也就是近年来使用越来越多的生物活性炭处理新工艺。

活性炭再生后，炭本身及炭的吸附量都不可避免地会有损失。对加热再生法，再生一次损耗炭约 5%～10%，微孔减少，过渡孔增加，比表面积和碘值均有所降低。对于主要利用微孔的吸附操作，再生次数对吸附有较重要的影响，因而做吸附试验时应采用再生后的活性炭，才能得到可靠的试验结果。对于主要利用过渡孔的吸附操作，则再生次数对吸附性能的影响不大。

5. 电加热再生法

目前可供使用的电加热再生方法主要有直流电加热再生及微波再生。

（1）直流电加热再生。

将直流电直接通入饱和炭中，由于活性炭本身的电阻和炭粒之间的接触电阻，将使电能变成热能，造成活性炭温度上升。随着活性炭的温度升高，其电阻值会逐渐变小，电耗也随之降低。当达到活化温度时，通入蒸汽完成活化。

这种再生炉操作管理方便，炭的再生损耗量小，再生质量好。但当炭粒被油等不良导体包住或聚集较多无机盐时，需要先用水或酸洗净才能再生。国内某有色金属公司采用直流电加热再生炉处理再生生活饮用水处理中饱和的活性炭，多年来运转效果良好，炭再生损耗率为 $2\% \sim 3.6\%$，再生耗电 $0.22kW \cdot h/kg$，干燥耗电 $1.55kW \cdot h/kg$。

（2）微波再生炉。

微波再生是利用活性炭能够很好地吸收微波，达到自身快速升温，来实现活性炭加热和再生的一种方法。这种方法具有操作使用方便、设备体积小、再生效率高、炭损耗量小等优点，特别适合于中、小型活性炭处理装置的再生使用。

5.5　化学氧化技术

5.5.1　废水处理中常用的氧化剂

（1）在接受电子后还原或带负电荷离子的中性原子，如气态的 O_2、Cl_2、O_3 等。

（2）带正电荷的离子，接受电子后还原成带负电荷离子，例如漂白粉 $Ca(OCl)_2 + CaCl_2$，$NaOCl$。

（3）带正电荷的离子，接受电子后还原成带较低正电荷的离子，例如高锰酸盐 $KMnO_4$。

5.5.2　氧化法

向污水中投加氧化剂，氧化污水中的有害物质，使其转变为无毒无害的或毒性较小的新物质的方法称为氧化法。氧化法又可分为氯氧化法、空气氧化法、臭氧氧化法、光氧化法等。

1. 氯氧化法

在污水处理中氯氧化法主要用于氰化物、硫化物、酚、醇、醛、油类的氧化去除，以及脱色、脱臭、杀菌、防腐等。氯氧化法处理常用的药剂有液氯、漂白粉、次氯酸钠、二氧化氯等。

2. 空气氧化法

所谓空气氧化法，就是利用空气中的氧作为氧化剂来氧化分解污水中有毒有害物质的一种方法。

城市污水中在含有溶解性的 Fe^{2+} 时，可以通过曝气的方法，利用空气中的氧将 Fe^{2+} 氧化成 Fe^{3+}，而 Fe^{3+} 很容易与水中的 OH^- 作用形成 $Fe(OH)_3$ 沉淀，于是可以得到去除。

在采用空气氧化法除铁工艺时，除了必须供给充足的氧气外，适当提高 pH 值对加快反应速度是非常重要的。根据经验，空气氧化法除铁中 pH 值至少应保证高于 6.5 才有利。

3. 臭氧氧化法

臭氧是一种强氧化剂，它的氧化能力在天然元素中仅次于氟。臭氧在水处理中可用于除臭、脱色、杀菌、除铁、除氰化物、除有机物等。很多有机物都易于与臭氧发生反应，例如蛋白质、氨基酸、有机胺、链式不饱和化合物、芳香族和杂环化合物、木质素、腐殖质等。

4. 光氧化法

光氧化法是一种化学氧化法，它是同时使用光和氧化剂产生很强的综合氧化作用来氧化分解废水的有机物和无机物。氧化剂有臭氧、氯、次氯酸盐、过氧化氢及空气加催化剂等，其中常用的为氯气；在一般情况下，光源多用紫外光，但它对不同的污染物有一定的差异，有时某些特定波长的光对某些物质最有效。光对氧化剂的分解和污染物的氧化分解起着催化剂的作用。

5.6 膜分离技术

城市污水深度处理中常用的膜分离技术有微滤（Microfiltration，MF）、超滤（Ultrafiltration，UF）、纳滤（Nanofiltration，NF）、反渗透（Reverse Osmosis，RO）等。

5.6.1 膜的分类

膜作为两相分离和选择性传递的物质屏障，可以是固态的，也可以是液态的；膜的结构可能是均质的，也可能是非均质的；膜可以是中性的，也可以是带电的；膜传递过程可以是主动传递过程，也可以是被动传递过程。主动传递过程的推动力可以是压力差、浓度差或电位差。因此，对于膜的分类，可有不同的分类方法。按膜结构分类，如表 5.6 所示。按膜材料分类，如表 5.7 所示。按分离机理分类，如表 5.8 所示。

表 5.6 　　　　　　　　　　按膜结构分类

固膜	对称膜	柱状孔膜	厚度 $10\sim200\mu m$，传质阻力由膜的总厚度决定，降低膜厚可提高渗透速率
		多孔膜	
		均质膜	
	不对称膜	致密皮层	$0.1\sim0.5\mu m$，起主要分离作用
		多孔支撑	$50\sim150\mu m$，起支撑作用
液膜		存在于固体多孔支撑层	
		以乳液形式存在的液膜	

表 5.7 　　　　　　　　　　按膜材料分类

有机材料	纤维素类	二醋酸纤维素、三醋酸纤维素、醋酸丙酸纤维素、硝酸纤维素等
	聚酰胺类	尼龙－66、芳香聚酰胺、芳香聚酰胺酰肼等
	芳香杂环类	聚哌嗪酰胺、聚酰亚胺、聚苯并咪唑、聚苯并咪唑酮等
	聚砜类	聚砜、聚醚砜、磺化聚砜、磺化聚醚砜等
	聚烯烃类	聚乙烯、聚丙烯、聚丙烯腈、聚乙烯醇、聚丙烯酸等
	硅橡胶类	聚二甲基硅氧烷、聚三甲基硅烷丙炔、聚乙烯基三甲基硅烷
	含氟聚合物	聚全氟磺酸、聚偏氟乙烯、聚四氟乙烯
	其他	聚碳酸酯、聚电解质
无机材料	陶瓷	氧化铝、氧化硅、氧化锆
	玻璃	硼酸盐玻璃
	金属	铝、钯、银等

在实验室或大规模的生产应用中，膜都被制成一定形式的组

件作为膜分离装置的分离单元。在工业上应用并实现商品化的膜组件主要有平板型、管型、螺旋卷型和中空纤维型等类型，见图5.14～图5.20。

表 5.8 按膜分离机理分类

膜工艺	膜的驱动力	分离机理	孔尺寸	透过物	截留物	膜结构
微滤	水静压差 20～200kPa	筛分	大孔，>50nm	水、溶质	TSS、浊度、原生动物卵囊虫及包囊、细菌、病毒	对称和不对称多孔膜
超滤	水静压差 50～1000kPa	筛分	中孔，2～50nm	水、离子、小分子	大分子、胶体、大多数细菌、病毒、蛋白质	具有皮层的多孔膜
纳滤	水静压差 500～2000kPa	筛分＋溶解/扩散＋排斥	微孔，<2nm	水、极小分子、离子化溶质	溶质、二价盐、糖、染料、病毒、某些硬度、小分子	致密不对称膜和复合膜
反渗透	水静压差 600～10000kPa	溶解/扩散＋排斥	致密孔，<2nm	水、极小分子、离子化溶质	全部悬浮物、色度、硬度、盐	致密不对称膜和复合膜
电渗析	电位差	选择性膜的离子交换	微孔，<2nm	水、离子化溶质	离子化盐	离子交换膜

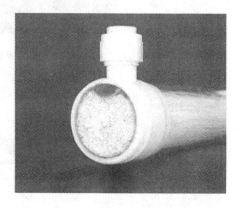

图 5.14　中空纤维膜（膜天公司，MF，UF 型）

图 5.15　中空纤维膜组件

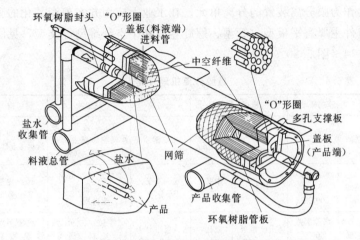

图 5.16　中空纤维反渗透膜组件

图 5.17　螺圈式膜组件

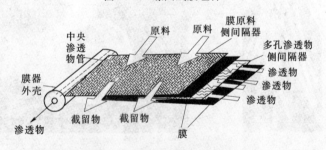

图 5.18　螺圈式膜组件构造示意图

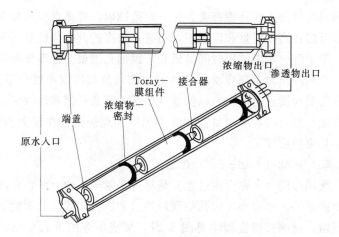

图 5.19 多个螺圈式膜的串联使用

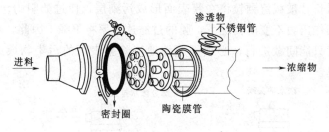

图 5.20 管式膜结构示意图

相关术语：

（1）膜通量。

膜通量又称膜的透水量，指在正常工作条件下，通过单位膜面积的产水量，单位是 $m^3/(m^2 \cdot h)$ 或 $m^3/(m^2 \cdot d)$。

（2）回收率。

膜分离法的回收率是供水通过膜分离后的转化率，即透过水量占供水量的百分率。

膜通量及回收与膜的厚度、孔隙度等物理特性有关，还与膜的工作环境如水温、膜两侧的压力差（或电位差）、原水的浓度等有关。选定某一种膜后，膜的物理特性不变时，膜通量和回收率只与膜的工作环境有关。在一定范围内，提高水温和加大压力差可以提高膜通量和回收率，而进水浓度的升高会使膜通量和回收率下降。随着使用时间的延长，膜的孔隙就会逐渐被杂物堵塞，在同样压力及同样水质条件下的膜通量和回收率就会下降。此时需要对膜进行清洗，以恢复其原有的膜通量值和回收率，如果即使经过清洗，膜通量和回收率仍旧和理想值存在较大差距，就必须更换膜件了。

（3）死端（dead-end）过滤。

死端过滤（又称全流过滤）是将进水置于膜的上游，在压力差的推动下，水和小于膜孔的颗粒透过膜、大于膜孔的颗粒则被膜截留，死端过滤流程图见图 5.21。形成压差的方式可以是在水侧加压，也可以是在滤出液侧抽真空。死端过滤随着过滤时间的延长，被截留颗粒将在膜表面形成污染层，使过滤阻力增加，在操作压力不变的情况下，膜的过滤透过率将下降。因此，死端过滤只能间歇进行，必须周期性地清除膜表面的污染物层或更换膜。

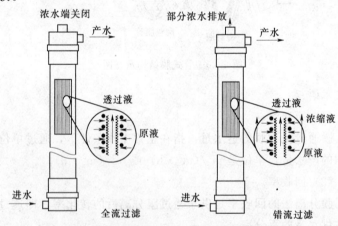

图 5.21　死端过滤和错流过滤流程

（4）错流（cross-flow）过滤。

运行时水流在膜表面产生两个分力：一个是垂直于膜面的法

向力，使水分子透过膜面；另一个是平行于膜面的切向力，把膜面的截留物冲刷掉，错流过滤流程见图 5.21。错流过滤透过率下降时，只要设法降低膜面的法向力、提高膜面的切向力，就可以对膜进行高效清洗，使膜恢复原有性能。因此，错流过滤的滤膜表面不易产生浓差极化现象和结垢问题。错流过滤的运行方式比较灵活，既可以间歇运行，又可以实现连续运行。

（5）浓差极化。

在膜法过滤工艺中，由于大分子的低扩散性和水分子的高渗透性，水中的溶质会在膜表面积聚并形成从膜面到主体溶液之间的浓度梯度，这种现象被称为膜的浓差极化。水中溶质在膜表面的积聚最终将导致形成凝胶极化层，通常把与此相对应的压力称为临界压力。在达到临界压力后，膜的水通量将不再随过滤压力的增加而增长。因此，在实际运行中，应当控制过滤压力低于临界压力，或通过提高膜表面的切向流速来提高膜过滤体系的临界压力。

5.6.2 膜过滤的影响因素

（1）过滤温度。

高温可以降低水的黏度，提高传质效率，增加水的透过通量。

（2）过滤压力。

过滤压力除了克服通过膜的阻力外，还要克服水流的沿程和局部水头损失。在达到临界压力之前，膜的通量与过滤压力成正比，为了实现最大的总产水量，应控制过滤压力接近临界压力。

（3）流速。

加快平行于膜面的水流速度，可以减缓浓差极化提高膜通量，但会增加能耗，一般将平行流速控制在 $1\sim3m/s$。

（4）运行周期和膜的清洗。

随着过滤的不断进行，膜的通量逐步下降，当通量达到某一最低数值时，必须进行清洗以恢复通量，这段时间称为一个运行周期，适当缩短运行周期，可以增加总的产水量，但会缩短膜的使用寿命，而且运行周期的长短与清洗的效果有关。

（5）进水浓度和预处理。

进水浓度越大，越容易形成浓差极化。为了保证膜过滤的正常进行，必须限制进水浓度，即在必要的情况下对进水进行充分的预处理，有时在进膜过滤装置之前还要根据不同的膜设置 $5\sim 200\mu m$ 不等的保安筛网。

5.6.3　膜清洗

膜分离过程中，最常见而且最为严重的问题是由于膜被污染或堵塞而使得透水量下降的问题，因此膜的清洗及其清洗工艺是膜分离法的重要环节，清洗对延长膜的使用寿命和恢复膜的水通量等分离性能有直接关系。当膜的透过水量或出水水质明显下降或膜装置进出口压力差超过 $0.05MPa$ 时，必须对膜进行清洗。

膜的清洗方法主要有物理法和化学法两大类。具体操作应当根据膜组件的构型、膜材质、污染物的类型及污染的程度选择清洗方法。

1. 物理清洗法

物理清洗法是利用机械力刮除膜表面的污染物，在清洗过程中不会发生任何化学反应。具体方法主要有水力冲洗、气水混合冲洗、逆流冲洗、热水冲洗等。

2. 化学清洗法

化学清洗法是利用某种化学药剂与膜面的有害杂质产生化学反应而达到清洗膜的目的。应当根据不同的污染物采用不同的化学药剂，化学药剂的选择必须考虑到清洗剂对污染物的溶解和分解能力；清洗剂不能污染和损伤膜面；膜所允许使用的 pH 值范围；工作温度；膜对清洗剂本身的化学稳定性。并且要根据不同的污染物确定清洗工艺，主要的化学清洗方法如下。

（1）酸洗法。

酸洗法对去除钙类沉积物、金属氢氧化物及无机胶质沉积物等无机杂质效果最好。具体做法是利用酸液循环清洗或浸 $0.5\sim$

1h，常用的酸有盐酸、草酸、柠檬酸等，酸溶液的pH值根据膜材质而定。比如清洗醋酸纤维素膜，酸液的pH值在3～4，而清洗其他膜时，酸液的pH值可以在1～2。

（2）碱洗法。

碱洗法对去除油脂及其他有机杂质效果较好，具体做法是利用碱液循环清洗或浸泡0.5～1h，常用的碱有氢氧化钠和氢氧化钾，碱溶液的pH值也要根据膜材质而定。比如清洗醋酸纤维素膜，碱液的pH值在8左右，而清洗其他耐腐蚀膜时，碱液的pH值可以在12左右。

（3）氧化法。

氧化法对去除油脂及其他有机杂质效果较好，而且可以同时起到杀灭细菌的作用。具体做法是利用氧化剂溶液循环清洗或浸泡0.5～1h，常用的氧化剂是1％～2％的过氧化氢溶液或者500～1000mg/L的次氯酸钠水溶液或二氧化氯溶液。

（4）洗涤剂法。

洗涤剂法对去除油脂、蛋白质、多糖及其他有机杂质效果较好，具体做法是利用0.5％～1.5％的含蛋白酶或阴离子表面活性剂的洗涤剂循环清洗或浸泡0.5～1h。

5.6.4　膜分离组件系统的设计

膜分离系统按其基本操作方式可分为两类：①单程系统；②循环系统。在单程系统中污水仅通过单一或多种膜组件一次；而在循环系统中，污水通过泵加压多次流过每一级。

膜组件的连接方式分为并联连接法和串联连接法，如图5.22所示。在串联的情况下所有的污水依次流经全部膜组件，而在并联的情况下，膜组件则要对进水进行分配。进行串联和并联的膜组件的数目决定于进水的流入通量。如果进水流入通量超过了膜组件的上限，会导致推动力损失和组件的损坏，如果进水流入通量低于膜组件的下限，即膜组件在过流通量很少的情况下操作，会引起分离效果的恶化。在实际连接中根据进水通量将一定数目的膜组件并联成一个组块。在一般的多级组块串联操作中，前一级的出水是后一级的进水，所以后继组块的进水量总是依次递减的（减去渗透物的通量）。因此在大多数情况下为了使流过组件的通量保持稳定，后继组块中要并联连接的组件数目相应减少，如图5.23所示。

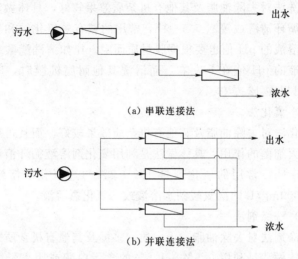

（a）串联连接法

（b）并联连接法

图5.22　膜组件连接方式

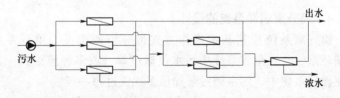

图5.23　并联组件依次递减的膜滤组块

5.6.5　膜—生物反应器（Membrane Biological Reactor）

　　膜—生物反应器MBR又称膜分离活性污泥法，是把膜分离技术与传统的废水生物处理方法（活性污泥法）相结合，用膜分离设备（膜组件）取代传统活性污泥法中的二沉池，从而可以强化活性污泥与处理水的分离效果。

　　膜—生物反应器工艺流程如图5.24所示，废水经预处理后进入曝气池，在曝气池中曝气处理后，活性污泥混合液由增压泵送入膜组件（也有将膜组件直接浸没在曝气池中，依靠真空泵的抽吸使混合液进入膜组件的），一部分水透过膜面成为处理出水进入后一级处理工序，剩余的污泥浓缩液则由回流泵（或直接）返回曝气池。曝气池中的活性污泥在膜组件的分离作用下，去除了有机污染物而增殖，当超过一定的浓度时，需定期将池内的污泥排出一部分。

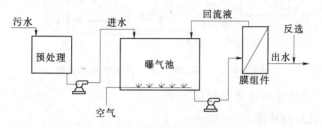

图 5.24　膜—生物反应器示意图

根据膜分离的形式可分为微滤膜—生物反应器、超滤膜—生物反应器、纳滤膜—生物反应器和反渗透膜—生物反应器，它们在膜的孔径上存在很大的差别。目前使用最多的是超滤膜，主要是因为超滤膜具有较高的液体通量和抗污染能力。

1. 膜—生物反应器的分类

虽然膜—生物反应器根据分类方法不同，会有很多种不同的形式，但总体上可以根据生物反应器与膜组件的结合方式分为一体式和分置式两大类。

（1）分置式 MBR。

分置式污水膜—生物反应器，如图 5.24 所示，是由相对独立的生物反应器与膜组件通过外加的输送泵及相应管线相连而构成。

（2）一体式 MBR。

一体式污水膜—生物反应器，如图 5.25 所示，是将无外壳的膜组件浸没在生物反应器中，微生物在曝气池中好氧降解有机污染物，水通过负压抽吸由膜表面进入中空纤维，在泵的抽吸作用下流出反应器。

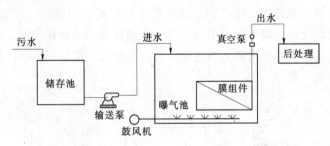

图 5.25　一体式污水膜—生物反应器流程

2. MBR 的设计运行参数

（1）负荷率。

好氧 MBR 用于城市污水处理时，体积负荷率一般为 $1.2 \sim 3.2 \text{kgCOD}/(\text{m}^3 \cdot \text{d})$ 和 $0.05 \sim 0.66 \text{kgBOD}_5/(\text{m}^3 \cdot \text{d})$，相应脱除率为大于 90% 和大于 97%，当进水 COD 变化较大（$100 \sim 250 \text{mg/L}$），出水浓度通常小于 10mg/L，因此对城市污水来说，进水 COD 含量对出水 COD 影响不大。

（2）停留时间（HRT）。

MBR 与传统活性污泥法相比，最大的改进是使 HRT 与 SRT 分离，即由于以膜分离替代了过去的重力分离，使大量活性污泥被膜阻挡在反应器中，而不会因水力停留时间的长短影响反应器中的活性污泥数量。同时通过定期排泥控制反应器内污泥浓度，使反应器内保持高的污泥浓度和较长的污泥龄，加强了降解效率和降解范围。在城市污水处理中，HRT 在 $2 \sim 24 \text{h}$ 之间都可以得到高脱除率，HRT 对脱除率影响不大。SRT 在 $5 \sim 35 \text{d}$ 范围内，污泥龄对排水水质的影响不大。

（3）污泥浓度和产泥率。

MBR 中的污泥浓度一般在 $10 \sim 20 \text{g/L}$，在相对较长的污泥龄和较低的污泥负荷下操作，污泥产率较低，在 0 ～

0.34kgMLSS/（kgCOD·d）之间变化。

（4）通量及流体力学条件。

膜通量与许多操作参数有关，如透膜压力、膜面错流速度、膜孔大小、活性污泥的特性等。MBR 的通量范围可达 $5\sim300$L/（m^2·h）、比通量约为 $20\sim200$L/（m^2·h·bar），对膜孔径为 $0.4\mu m$ 的平板一体式 MBR 提出的设计通量为 $0.5m^3$/（m^2·d）[20.8L/（m^2·h）]，根据透膜压力，相应比通量为 $70\sim100$L/（m^2·h·bar）。分置式 MBR 的通量常比一体式大，但其通量衰减也比较大，如使用 UF 膜的体系，在过膜压力 TMP 为 $1\sim2$bar，错流速度为 1.5m/s 下经 80d，比通量从原来的 90L/（m^2·h·bar）下降到 15L/（m^2·h·bar）。分体式的操作压力较高，常为 $1\sim5$bar，膜面错流速度为 $1\sim3$m/s；一体式 MBR 操作压力为 $0.03\sim0.3$bar，操作压力较低。

（5）能耗。

MBR 能耗主要用于进水泵或透过液吸出泵、曝气等设备，一般分置式能耗约为 $2\sim10$kW·h/m^3，一体式能耗 $0.2\sim0.4$kW·h/m^3。其中曝气能耗占总能耗，分置式为 $20\%\sim50\%$，而一体式为 90% 以上。

参考文献

［1］ 北京市市政工程设计研究总院. 给水排水设计手册（第 5 册）——城镇排水. 2 版. 北京：中国建筑工业出版社，2002.

［2］ 张自杰. 环境工程手册——水污染防治卷. 北京：高等教育出版社，1996.

［3］ 北京水环境技术与设备研究中心，北京市环境保护科学研究院，国家城市环境污染控制工程技术研究中心. 三废处理工程技术手册——废水卷. 北京：化学工业出版社，2000.

［4］ 张自杰. 排水工程·下册. 4 版. 北京：中国建筑工业出版社，2000.

［5］ 严煦世，范瑾初. 给水工程. 北京：中国建筑工业出版社，2000.

［6］　许泽美，唐建国，周彤，兰淑澄. 水工业工程设计手册——废水处理及再用. 北京：中国建筑工业出版社，2002.

［7］　Metcalf & Eddy, Inc. Wastewater Engineering—Treatment and Reuse. 4 版. （影印版）. 北京：清华大学出版社，2003.

［8］　纪轩. 废水处理技术问答. 北京：中国石化出版社，2003.

［9］　崔玉川，杨崇豪，张东伟. 城市污水回用深度处理设施设计计算. 北京：化学工业出版社，2003.

［10］　刘茉娥，蔡邦肖，陈益棠. 膜技术在污水治理及回用中的应用. 北京：化学工业出版社，2005.

［11］　许振良. 膜法水处理技术. 北京：化学工业出版社，2001.

［12］　顾国维，何义亮. 膜生物反应器——在污水处理中的研究和应用. 北京：化学工业出版社，2002.

第6章 污泥的处理与处置

6.1 污泥的类型与特性

6.1.1 污泥的类型

污泥是城市污水和工业废水处理过程中产生的，有的是从废水中直接分离出来的，如初次沉淀池中产生的污泥；有的是处理过程中产生的，如废水混凝处理产生的沉淀物。通常，污泥的分类方法如下。

（1）按照污泥中所含有的主要成分不同可将其分为有机污泥和无机污泥两种。

有机污泥以有机物为主要成分，例如活性污泥、脱落的生物膜等。有机污泥的有机物含量较高，易于腐化发臭，颗粒较细，密度小（约为 1.02～1.006mg/L），含水率高而不易脱水。但是有机污泥的流动性好，便于管道运输。

无机污泥以无机物为主要成分，又称沉渣。无机污泥颗粒粗，密度大（2mg/L 左右），含水率低脱水容易，但流动性差。

（2）按照污泥产生的来源不同将其分为以下几种：

1）初次沉淀污泥：来自于初次沉淀池。

2）剩余活性污泥：来自于活性污泥法之后的二沉池。

3）腐殖污泥：来自于生物膜法的二沉池。

1），2），3）可统称为生污泥或新鲜污泥。

4）消化污泥：生污泥经过厌氧消化或好氧消化处理后的污泥。

5）化学污泥：应用化学方法处理污水后产生的沉淀物。

6.1.2　污泥的性质指标

1. **污泥含水率**

污泥中所含水分的重量与污泥总重量之比的百分数称为污泥含水率。由于一般情况下污泥的含水率较高,污泥的比重接近1。污泥的体积、重量及所含固体物质浓度之间的关系可用式（6.1）表示为:

$$V_1/V_2 = W_1/W_2 = (100 - P_2)/(100 - P_1) = C_2/C_1 \quad (6.1)$$

式中　P_1、V_1、W_1、C_1——污泥含水率为 P_1 时污泥的体积、重量和固体物质浓度;

P_2、V_2、W_2、C_2——污泥含水率为 P_2 时污泥的体积、重量和固体物质浓度。

2. **挥发性固体和灰分**

挥发性固体近似地等于有机物的含量;灰分表示无机物含量。

3. **可消化程度**

污泥中的有机物,是消化处理的对象。一部分是可被消化降解的（可被气化,无机化）;另一部分是不易或不能被消化降解的,如脂肪、合成有机物等。用消化程度表示可被消化降解的有机物数量。可消化程度用式（6.2）表示:

$$R_d = (1 - P_{v_2} P_{s_1} / P_{v_1} P_{s_2}) \times 100 \quad (6.2)$$

式中　R_d——可消化程度,%;

P_{s_1}、P_{s_2}——生污泥及消化污泥的无机物含量,%;

P_{v_1}、P_{v_2}——生污泥及消化污泥的有机物含量,%。

4. **湿污泥比重与干污泥比重**

湿污泥重量等于污泥所含水分重量与干固体重量之和。湿污泥比重等于湿污泥重量与同体积水重量的比值。由于水的比重为1,所以湿污泥比重 γ 可用式（6.3）表示:

$$\gamma = 100\gamma_s / [p\gamma_s + (100 - P)] \quad (6.3)$$

式中　γ——湿污泥比重;

P——湿污泥含水率,%;

γ_s——污泥中干固体物质平均比重，即干污泥比重。

亦可用式（6.4）计算：

$$\gamma = 25000/[250P+(100-P)(100+1.5P_v)] \qquad (6.4)$$

式中 P_v——有机物（挥发性固体）所占百分比。

5. 污泥肥分

污泥中含有大量植物生长所必需的肥分（氮、磷、钾），微量元素及土壤改良剂（有机腐殖质）。

6. 污泥重金属离子含量

污泥中重金属离子含量，决定于城市污水中工业废水所占比例及工业性质。污水经二次处理后，污水中重金属离子约有50％以上转移到污泥中。因此，污泥中的重金属离子含量一般都较高。当污泥作为肥料使用时，要注意重金属离子含量是否超过我国农林部规定的《农用污泥标准》（GB 4284—84）。

6.1.3 污泥水分存在形式和脱去方法

初次沉淀污泥含水率介于95％～97％，剩余活性污泥达99％以上。因此污泥的体积非常大，对污泥的后续处理造成困难。污泥浓缩的目的在于减容。

污泥中所含水分大致分为4类：颗粒间的空隙水，约占总水分的70％；毛细水，即颗粒间毛细管内的水，约占20％，污泥颗粒吸附水和颗粒内部水，约占10％。污泥中的水分见图6.1所示。

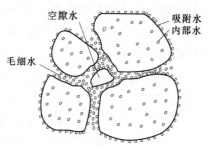

图 6.1　污泥中水分示意图

降低含水率的方法有：①浓缩法，用于降低污泥中的空隙水，因空隙水占含水量的比重较大，因此浓缩是减容的主要方法；②自然干化法和机械脱水法，主要脱去毛细管内的水；③干燥法和焚烧法，主要脱去吸附水和内部水。不同的脱水方法的脱水效果如表6.1所示。

表 6.1　　　　　　　　　　不同脱水方法的效果

脱水方法		脱水装置	脱水后含水率（％）	脱水后的状态
浓缩法		重力浓缩、气浮浓缩、离心浓缩	95～97	近似糊状
机械脱水	真空吸滤法	真空转鼓，真空转盘等	60～80	泥饼状
	压滤法	板框压滤机	45～80	泥饼状
	滚压带法	滚压带式压滤机	78～86	泥饼状
	离心法	离心机	80～85	泥饼状
自然干化法		自然干化场，晒砂场	70～80	泥饼状
干燥法		各种干燥设备	10～40	粉状、粒状
焚烧法		各种焚烧设备	0～10	灰状

6.2　污泥的浓缩

由于剩余污泥的含水率一般较高，因此在处理前要进行浓缩来减小其体积，从而减小后续处理的压力，减小后续处理设备的容积。污泥浓缩的方法有重力浓缩法、气浮浓缩法和离心浓缩法等。各种浓缩方法的优缺点如表6.2所示。

表 6.2　　　　　　　　　各种浓缩方法的优缺点

浓缩方法	优　　点	缺　　点
重力浓缩	贮存污泥能力强、操作要求不高、运行费用低	浓缩效果差，浓缩后的污泥非常稀薄；所用土地面积大，且会产生臭气问题；对于某些污泥工作不稳定

续表

浓缩方法	优 点	缺 点
气浮浓缩	1. 比重力浓缩的泥水分离效果好,浓缩后的污泥含水率较低; 2. 比重力浓缩所需土地面积小,臭气问题小; 3. 可使泥砾不混于污泥浓缩池中,能去除油脂	1. 运行费用比重力浓缩高; 2. 土地需要量比离心法多; 3. 污泥贮存能力小
离心浓缩	1. 只需少量土地,即可取得很高的处理能力; 2. 没有或几乎没有臭气问题	要求专用的离心机,耗电大,必须进行隔声处理,对工作人员要求高

6.2.1 重力浓缩法

重力浓缩法是应用最多的污泥浓缩法,是利用污泥中的固体颗粒与水之间的密度差来实现泥水分离。用于重力浓缩的构筑物称为重力浓缩池。重力浓缩池的特征是区域沉降,在浓缩池中形成 4 个区域,分别为澄清区、阻滞沉淀区、过渡区和压缩区。

重力浓缩池的主要设计参数为浓缩池固体通量 [单位时间内单位表面积所通过的固体质量,$kg/(m^2 \cdot h)$]、水力负荷 [单位时间内单位表面积的上清液流量,$m^3/(m^2 \cdot h)$] 和浓缩时间。对重力浓缩池,固体通量是主要的控制因素,浓缩池的面积依据固体通量进行计算。设计参数一般通过实验来获得,在无实验数据时,也可以根据浓缩池的运行经验参数来选取。浓缩池的运行经验参数如表 6.3 所示。

表 6.3　　　　　重力浓缩池运行经验参数

污泥种类	进泥浓度 (%)	出泥浓度 (%)	水力负荷 [$m^3/$ $(m^2 \cdot h)$]	固体通量 [$kg/$ $(m^2 \cdot h)$]	固体 回收率 (%)	溢流 TSS (mg/L)
初次沉淀污泥	1.0～7.0	5.0～10.0	24～33	90～144	85～98	300～1000
腐殖污泥	1.0～4.0	2.0～6.0	2.0～6.0	35～50	80～92	200～1000

续表

污泥种类	进泥浓度（%）	出泥浓度（%）	水力负荷 [m³/ (m²·h)]	固体通量 [kg/ (m²·h)]	固体回收率（%）	溢流 TSS (mg/L)
活性污泥	0.2～1.5	2.0～4.0	2.0～6.0	10～35	60～85	200～1000
初沉污泥和活性污泥混合	0.5～2.0	4.0～6.0	4.0～10.0	25～80	85～96	300～800

重力浓缩池的设计。

1. 重力浓缩池所需面积计算

（1）迪克（Dick）理论。

$$A \geqslant Q_0 C_0 / G_L \qquad (6.5)$$

式中　A——浓缩池的设计表面积，m^2；

$\quad Q_0$——入流污泥流量，m^3/h；

$\quad C_0$——入流污泥固体浓度，kg/m^3；

$\quad G_L$——极限固体通量，$kg/(m^2 \cdot h)$，其物理意义为在浓缩池深度方向上存在的最小固体通量。

（2）柯伊—克里维什（Coe - Clevenger）理论。

其表述为：浓缩时间为 t_i，污泥浓度为 C_i，界面沉速为 v_i 时的固体通量 G_i 与所需的断面面积 A_i 为：

$$G_i = v_i / (1/C_i - 1/C_u) \qquad (6.6)$$
$$A_i = Q_0 C_0 / G_i$$

式中　G_i——自重压密固体通量，$kg/(m^2 \cdot h)$；

$\quad C_u$——排泥的固体浓度，kg/m^3。

Q_0，C_0 为已知数，C_u 为要求达到的浓缩浓度，v_i 可根据实验得到。故根据上式可计算得 v_i—A_i 关系曲线。在直角坐标上，以 A_i 为纵坐标，v_i 为横坐标，作 v_i—A_i 关系图，查找出图中最大 A 值就是设计表面积。

2. 连续流重力浓缩池深度设计

连续流重力浓缩池总深度由压缩区高度 H_s、阻滞区与上清

液区高度 H_w、池坡度和超高 4 部分组成。

压缩区高度的计算可以采用柯伊—克里维什法。

$$H_s = Q_0 C_0 t_u (\rho_s - \rho_w) / [\rho_s (\rho_m - \rho_w) A] \tag{6.7}$$

式中　H_s——压缩区高度，m；

　　　t_u——浓缩时间，d；

　　　ρ_s——污泥中固体物密度，kg/m^3；

　　　ρ_w——清液的密度，kg/m^3；

　　　ρ_m——污泥的平均密度，kg/m^3。

3. 连续流重力浓缩池的基本构造和形式

带刮泥机和搅动栅的连续流重力浓缩池的基本构造如图 6.2 所示。

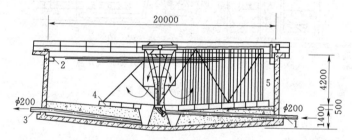

图 6.2　带刮泥机和搅动栅的连续流重力浓缩池（单位：mm）
1—中心进泥管；2—上清液溢流堰；3—排泥管；
4—刮泥机；5—搅动机

此池为圆锥形浓缩池，水深约 3m，池底坡度很小，一般为 1/100～1/12，污泥在水下的自然坡度为 1/12。为了提高污泥的浓缩效果和缩短浓缩时间，可在刮泥机上安装搅动栅，刮泥机与搅动栅的转速很慢，不致使污泥受到搅动，其旋转周速度一般为 2～20cm/s。搅动作用可使浓缩时间缩短 4～5h。

6.2.2　气浮浓缩法

气浮浓缩法就是使大量的微小气泡附着在污泥颗粒的表面，从而使污泥颗粒的密度降低而上浮，实现泥水分离。因而气浮法适用于活性污泥和生物滤池污泥等密度较小的污泥。气浮法所得到的出流污泥含水率低于采用重力法所达到的含水率，可达到较高的固体通量，但运行费用比重力浓缩高，适用于人口密集、缺乏土地的城市。

气浮浓缩池有圆形和矩形两种结构，见图 6.3。圆形池的刮浮泥板和刮沉泥板都安装在中心转轴上一起旋转。矩形池的刮浮泥板和刮沉泥板由电动机及链带连动刮泥。

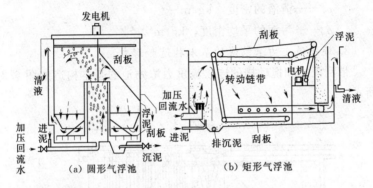

（a）圆形气浮池　　　　（b）矩形气浮池

图 6.3　气浮池的基本结构

气浮浓缩池的设计。

1. 溶气比

气浮时有效空气重量与污泥中固体重量之比称为溶气比或气固比，用 A_a/S 表示。

无回流时，用全部污泥加压：

$$A_a/S = S_a(fP-1)/C_0 \tag{6.8}$$

有回流时，用回流水加压：

$$A_a/S = S_aR(fP-1)/C_0 \tag{6.9}$$

式中　A_a/S——气浮时有效空气总重量与入流污泥中固体总重量之比，即溶气比，一般为 0.005～0.060 之间，常用 0.03～0.04，或通过气浮浓缩试验来确定；

S_a——在 0.1MPa 下，空气在水中的饱和溶解度（mg/L），其值等于 0.1MPa 下空气在水中的溶解度

（以容积计，单位 L/L）与空气容重（mg/L）的乘积，0.1MPa 下空气在不同温度时的溶解度和容重见表 6.4；

P——溶气罐的压力，一般用 0.2～0.4MPa，应用上式时以 2～4kg/cm² 代入；

R——回流比，等于加压溶气水的流量与入流污泥流量 Q_0 之比，一般用 1.0～3.0；

f——回流加压水的空气饱和度，％，一般为 50％～80％；

C_0——入流污泥的固体浓度，mg/L。

表 6.4　　　　　　　　　　**空气溶解度及容重表**

气温 （℃）	溶解度 （L/L）	空气容重 （mg/L）	气温 （℃）	溶解度 （L/L）	空气容重 （mg/L）
0	0.0292	1252	30	0.0157	1127
10	0.0228	1206	40	0.0142	1092
20	0.0187	1164			

2. 气浮浓缩池表面水力负荷（表 6.5）

表 6.5　　　　　　　**气浮浓缩池水力负荷、固体负荷**

污泥种类	入流污泥 固体浓度 （％）	表面水力负荷 ［m³/(m²·h)］		表面 固体负荷 ［kg/ (m²·h)］	气浮污泥 固体浓度 （％）
		有回流	无回流		
活性污泥混合液	<0.5			1.04～3.12	
剩余活性污泥	<0.5			2.08～4.17	
纯氧曝气剩余 活性污泥	<0.5	1.0～3.6	0.5～1.8	2.50～6.25	3～6
初沉污泥与剩余活性 污泥混合污泥	1～3			4.17～8.34	
初次沉淀污泥	2～4			<10.8	

3. 回流比 R

溶气比确定后，由式（6.9）计算出 R。

4. 气浮浓缩池的表面积

无回流时：

$$A = Q_0/q \tag{6.10}$$

有回流时：

$$A = Q_0(R+1)/q \tag{6.11}$$

式中 A——气浮浓缩池表面积，m^2；

q——气浮浓缩池的表面水力负荷，m^3/h。

表面积 A 求出后，需用固体负荷校核，如不满足，则应采用固体负荷求得的面积。

6.2.3 离心浓缩法

离心分离法是利用污泥中的固体颗粒与液体所存在的密度差，在离心力的作用下实现泥水分离的。离心浓缩法可以连续工作，占地面积小，工作场所卫生条件好，造价低，但运行费用与机械维修费用较高，且存在噪声问题。

用于离心浓缩的离心机主要有3种：无孔转鼓式离心机、倒锥分离板型离心机和螺旋卸料离心机。

6.3 污泥消化

6.3.1 厌氧消化

1. 厌氧消化原理

厌氧消化是指污泥中的有机物质在无氧条件下被厌氧菌群最终分解为甲烷和二氧化碳的过程。它是目前国际上最常用的污泥处理方法，同时也是大型污水处理厂最为经济的污泥生物处理方法。

厌氧消化过程分为3个阶段：

第一阶段，有机物在水解和发酵细菌的作用下，使碳水化合物、蛋白质与脂肪，经水解与发酵转化为单糖、氨基酸、脂肪酸、甘油及二氧化碳、氢等物质。参加此阶段的微生物有：细菌、原生动物和真菌，统称为水解和发酵细菌。

第二阶段，在产氢产乙酸菌的作用下，把第一阶段的产物转化为氢、二氧化碳和乙酸。参加此阶段的微生物有：产氢产乙酸菌和同型乙酸菌。

第三阶段，通过两组生理上不同的产甲烷菌的作用，将氢和二氧化碳或对乙酸脱羧产生甲烷。参加此阶段的微生物有：产甲烷菌。

此过程如图6.4所示。

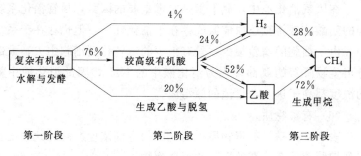

图6.4　污泥厌氧消化模式图

2. 污泥厌氧消化的影响因素

甲烷发酵阶段为厌氧消化过程的控制步骤，影响厌氧消化的因素主要如下。

（1）温度。

按甲烷菌对温度的适应性，可分为中温甲烷菌（适应温度为30～36℃）和高温甲烷菌（适应温度为50～53℃）。随两区间内的温度上升，消化速度下降。温度还影响着消化的有机负荷、产气量和消化时间。

（2）生物固体停留时间（污泥龄）与负荷。

有机物降解程度是污泥泥龄的函数，而不是进水有机物的函数。消化池的容积设计应按有机负荷、污泥泥龄和消化时间来设计。

（3）搅拌和混合。

厌氧消化是细菌体的内酶和外酶与底物的接触反应，因此必须使两者充分混合。搅拌方法一般有：泵加水射器搅拌法、消化气循环搅拌法和混合搅拌法。

（4）营养和 C/N。

微生物的生长所需要的营养物质由污泥提供。相关研究表明 C/N 在（10～20）：可保证正常的消化，如果 C/N 过高，氮源不足，pH 值容易下降；如果 C/N 过低，铵盐积累，抑制消化。

（5）氮的守恒和转化。

在厌氧消化池中，氮平衡是非常重要的因素，尽管消化系统中的硝酸盐都将被还原成氮气存在于消化气中，但仍存在于系统中，由于细胞的增殖很少，只有很少的氮转化到细胞中去，大部分可生物降解的氮都转化为消化液中的 NH_3，因此消化液中氮的浓度都高于进入消化池的原污泥。

（6）有毒物质。

表 6.6 列举了有毒物质对消化菌的毒阈浓度。超过此浓度会强烈抑制消化菌，有的还可杀死微生物。

表 6.6　　　　　　　一些有毒物质的毒阈浓度

物　质　名　称	毒阈浓度（mol/L）
碱金属和碱土金属 Ca^{2+}、Mg^{2+}、Na^+、K^+	$10^{-1}\sim 10^6$
重金属 Cu^{2+}、Ni^+、Hg^+、Fe^{2+}	$10^{-5}\sim 10^{-3}$
H^+ 和 OH^-	$10^{-6}\sim 10^{-4}$
胺类	$10^{-5}\sim 10^0$
有机物质	$10^{-6}\sim 10^0$

3. 厌氧消化的运行方式

消化池的运行方式主要有一级消化、多级消化（常用二级消化）和厌氧接触消化 3 种。

（1）一级消化。

一级消化是指一般消化，常常是将几个同样的消化池并联起来，每个消化池各自单独完成全部的消化过程。其工艺特点为：

1) 污泥加热采用新鲜污泥在投配池内预热和消化池内蒸汽直接加热相结合的方法，其中以池外预热为主。

2) 消化池搅拌采用沼气循环搅拌方式。

3) 消化池产生的沼气供锅炉燃烧，锅炉产生蒸汽除消化池加热外，并入车间热网供生活用气。

（2）二级消化。

由于污泥中温消化有机物分解程度为 45%～55%，消化后不够稳定，并且熟污泥的含水率较新鲜污泥高，增大了后续处理的负荷。为了解决上述问题，可将消化一分为二，污泥在第一消化池中消化到一定程度后，再转入第二消化池，以便利用余热进一步消化有机物，这种运行方式为二级消化。

二级消化过程中，污泥消化在两个池子中完成，其中第一级消化池有集气罩，加热搅拌设备，不排除上清液，消化时间为 7～10d。第二消化池不加热，不搅拌，仅利用余热继续进行消化，消化温度约为 20～26℃。由于第二消化池不搅拌，还可以起到污泥浓缩的作用。二级消化池的总容积大致等于一级消化池的容积，两级各占 1/2，所需加热的热量及搅拌设备、电耗都较省。

（3）厌氧接触消化。

由于消化时间受甲烷细菌分解消化速度控制，故如果用回流熟污泥的方法，可以增加消化池中甲烷细菌的数量和停留时间，相对降低挥发物和细菌数的比值，从而加快分解速度，这种运行方式叫做厌氧接触消化。厌氧接触消化系统中设有污泥均衡池，真空脱气器和熟污泥的回流设备。回流量为投配污泥量的 1～3 倍。采用这种方式运行，由于消化池中甲烷菌的数量增加，有机物的分解速度增大，消化时间可以缩短 12～24h。

6.3.2 好氧消化

污泥厌氧消化运行管理要求高，消化池需密闭、池容大、池数多，因此污泥量不大时可采用好氧消化，即在不投加其他底物条件下，对污泥进行较长时间曝气，使污泥中的微生物处于内源呼吸阶段进行自身氧化。但由于好氧消化需要曝气设备，能耗大，因此多用于小型污水处理厂。

1. 好氧消化原理

污泥好氧消化处于内源呼吸阶段，细胞质反应为：

$$C_5H_7NO_2 + 7O_2 \longrightarrow 5CO_2 + 3H_2O + H^+ + NO_3^-$$

由方程式可以得出，氧化 1kg 细胞质需要约 2kg 氧。处理过程中由于 pH 值降低，因此要调节碱度；池内的溶解氧不能低于 2mg/L，并应使污泥保持悬浮状态，因此必须要有足够的搅拌强度，污泥含水率在 95％ 左右，以便搅拌。

2. 好氧消化池的构造

好氧消化池的构造与完全混合式活性污泥法曝气池相似，见图 6.5。主要构造包括好氧消化室，进行污泥消化；泥液分离室，使污泥沉淀回流并把上清液排出；消化污泥排除管；曝气系统，由压缩空气管，中心导流筒组成，提供氧气并起搅拌作用。

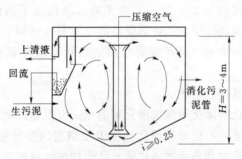

图 6.5　好氧消化池的构造

消化池底坡 i 不小于 0.25，水深决定于鼓风机的风压，一般采用 3～4m。

3. 好氧消化池的设计

(1) 以有机负荷 S 为参数计算消化池容积 V。

消化池的设计参数如表 6.7 所示。

好氧消化池的容积为：

$$V = Q_0 X_0 / S \qquad (6.12)$$

式中 Q_0——进入好氧消化池生污泥量，m^3/d；

$\quad\quad X_0$——污泥中原有生物可降解挥发性固体浓度，$g \cdot VSS/L$；

$\quad\quad S$——有机负荷，$kg \cdot VSS/(m^3 \cdot d)$。

表 6.7 　　　　　　　　　好氧消化池设计参数

序号	设 计 参 数	数值
1	污泥停留时间（d）	$10 \sim 15$
2	初次沉淀池、初沉污泥与活性污泥混合	$15 \sim 20$
3	有机负荷 [$kg \cdot VSS/(m^3 \cdot d)$]	$0.38 \sim 2.24$
4	空气需要量 [鼓风曝气 $m^3/(m^3 \cdot min)$] 活性污泥	$0.02 \sim 0.04$
5	初次沉淀池、初沉污泥与活性污泥混合	$\geqslant 0.06$
6	机械曝气所需功率 [$kW/(m^3 \cdot 池)$]	$0.02 \sim 0.04$
7	最低溶解氧（mg/L）	2
8	温度（℃）	>15
9	挥发性固体（VSS）去除率（%）	50 左右

（2）好氧消化空气量的计算。

好氧消化所需空气量应满足两方面的需要：其一满足细胞物质自身氧化需要，当活性污泥进行好氧消化时，满足自身氧化需气量为 $0.015 \sim 0.02 m^3/(min \cdot m^3)$，当为初次沉淀污泥与活性污泥混合时，满足自身氧化需气量为 $0.025 \sim 0.03 m^3/(min \cdot m^3)$；其二是满足搅拌混合需要，当为活性污泥时，需气量为 $0.02 \sim 0.04 m^3/(min \cdot m^3)$，当为混合污泥时，需气量为不少于 $0.06 m^3/(min \cdot m^3)$。可见，后者大于前者，故在工程设计中，以满足搅拌混合所需空气量计算。

6.4　污泥脱水与干化

污泥经浓缩、消化后，尚有 94% 以上的含水率，体积仍然很大，而且呈流动状，难以处置，因此还需要进行污泥脱水。浓缩的目的是分离污泥中的空隙水，而脱水则是主要将污泥中的吸附水和毛细水分离出来，这部分水分约占污泥中总含水量的15%～25%。

6.4.1 污泥的自然干化

自然干化可分为晒沙场和干化场两种。晒沙场用于沉砂池沉渣的脱水，干化场用于初次沉淀污泥、腐殖污泥、消化污泥、化学污泥及混合污泥的脱水，干化后的污泥饼含水率一般为75%～80%，污泥体积可缩小到1/10～1/2。

1. 晒沙场

晒沙场一般做成矩形，混凝土底板，四周有围堤或围墙。底板上设有排水管及一层厚800mm粒径50～60mm的砾石滤水层。沉砂经重力或提升排到晒沙场后，很容易晒干。深处的水有排水管集中回流到沉砂池前与原污水合并处理。

2. 干化场

污泥干化场是污泥进行自然干化的主要构筑物。干化场可分为自然滤层干化场和人工滤层干化场两种。前者适用于自然土质渗透性能好、地下水位低的地区。人工滤层干化场的滤层是人工铺设的。又可分为敞开式干化场与有盖式干化场两种。人工滤层干化场的构造如图6.6所示。它是由不透水底层、排水系统、滤水层、输泥管、隔墙及围堤等部分组成。如果是盖式的，还有支柱和顶盖。

不透水的底板由200～400mm厚的黏土或150～300mm厚三七灰土夯实而成，也可用100～150mm厚的素混凝土铺成。底板具有0.01～0.03的坡度坡向排水系统。

排水管道系统用100～150mm陶土管或盲沟做成，管头接头处不密封，以便进水。相邻管中心距4～8m，坡度0.002～0.003，排水管起点覆土深为0.6m左右。

滤水层下层用粗矿渣或砾石，厚为200～300mm，上层用细矿渣或砂，厚200～300mm。

隔墙与围堤把整个干化场分隔为若干块，轮流使用，以便提

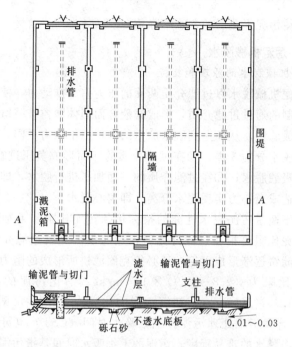

图 6.6　人工滤层干化场

高干化场的利用率。

影响干化场的因素有：

（1）气候条件：包括当地的降雨、蒸发量、相对湿度、风速和年冰冻期。

（2）污泥性质。

3. 强化自然干化

在传统的污泥干化床中，污泥在干化过程中基本处于静止堆积状态，当表面的污泥干化后，形成一个"壳盖"，严重影响了下层污泥的脱水，是干化床蒸发速率低的主要原因。

针对上述问题，强化自然干化技术对污泥干化层周期性地进行翻倒（机械搅动），不断地破坏表层"壳盖"，使表层污泥保持较高的含水率，从而得到较好的脱水效果。实际操作在污泥层平均厚度 40cm，污泥含水率为 76% 的条件下，以 45d 为平均周期，可使污泥干化后的含水率降至 35% 左右。

6.4.2 污泥机械脱水

1. 机械脱水的原理和指标

污泥机械脱水以过滤介质两面的压力差为推动力，使污泥水分被强制的通过过滤介质，形成滤液，而固体颗粒被截留在介质上，形成滤饼，从而达到脱水的目的。根据推动力不同，可将污泥机械脱水分为 3 类：①在过滤介质的一面形成负压进行脱水，即真空吸滤脱水；②在过滤介质的一面加压进行脱水，即压滤脱水；③造成离心力实现泥水分离，即离心脱水。

用于衡量污泥脱水性能的指标包括污泥比阻和毛细吸水时间。污泥比阻是指在过滤开始时，过滤仅需克服过滤介质的阻力，当滤饼逐渐形成以后，还必须克服滤饼所形成的阻力。活性污泥的比阻为 $(2.8\sim2.9)\times10^{13}$ m/kg；消化污泥的比阻为 $(1.3\sim1.4)\times10^{13}$ m/kg；初沉污泥的比阻为 $(3.9\sim5.8)\times10^{13}$ m/kg，皆属于难处理污泥。毛细吸水时间（CST）也可以用于表征污泥脱水的难易程度。污泥的毛细吸水时间是指污泥中的毛细水在滤纸上渗透 1cm 距离所需要的时间。由于比阻的测定过程较复杂，而 CST 测定简便快速，因此实际上普遍应用 CST 表示污泥的脱水性能。

衡量污泥机械脱水效果和效率的主要指标为脱水泥饼的含水率、脱水过程的固体回收率（滤饼中的固体量与原污泥中的固体量之比）和脱水泥饼产率 [单位时间内在单位过滤面积上产生滤饼的干重量，$kg/(m^2\cdot s)$]。脱水泥饼产率越高，机械脱水的效果和效率就越好。

2. 机械脱水前的预处理

为了改善污泥脱水性能，提高机械脱水效果与机械脱水设备的生产能力，在对污泥进行机械脱水前有必要进行预处理。预处理的方法主要有化学调节法、热处理法、冷冻法及淘洗法等。

（1）化学调节法。

化学调节法是在污泥中加入混凝剂，助凝剂等化学药剂，使污泥颗粒絮凝，比阻降低，有效改善脱水性能。

1）混凝剂。

污泥化学调理常用的混凝剂有无机混凝剂及其高分子聚合电解质、有机高分子聚合电解质和微生物混凝剂等3类。无机混凝剂及其高分子聚合电解质是一种电解质化合物，主要是铝盐与铁盐及其高分子聚合物两种。有机高分子聚合电解质主要有：阳离子型、阴离子型、非离子型和两性型。微生物混凝剂主要有3种：直接用微生物细胞作为混凝剂、从微生物中提取出的混凝剂和微生物的代谢产物作为混凝剂。

2）助凝剂。

助凝剂主要有硅藻土、珠光体、酸性白土、锯屑、污泥焚烧灰、电厂粉尘和石灰等。

（2）热处理法。

污泥经热处理可使有机物分解，破坏胶体颗粒的稳定性，污泥内部水与吸附水被释放，比阻可降低至 $1.0 \times 10^8 \, s^2/g$，脱水性能大大改善，寄生虫卵、致病菌与病毒等可被杀灭。

热处理法适用于初沉污泥、消化污泥、活性污泥、腐殖污泥及它们的混合污泥。可分为高温加压热处理法和低温加压热处理法两种。

（3）冷冻法。

冷冻法经过冷冻—融解使污泥颗粒结构被彻底破坏，脱水性能大大提高，颗粒沉降与过滤速度可提高几十倍，可直接进行机械脱水。并且冷冻—融解过程是不可逆的，即使再用机械或水泵搅拌也不会重新生成胶体。

（4）淘洗法。

淘洗法适用于消化污泥的预处理。淘洗法是以污水处理厂的出水或自来水、河水把消化污泥中的碱度洗掉以便节省混凝剂的用量，但需增设淘洗池及搅拌设备。

3. 机械脱水设备

（1）真空过滤脱水机。

真空过滤脱水机是用抽真空的方法造成过滤介质两侧的压力差，从而造成脱水推动力进行脱水，可用于初次沉淀污泥和消化污泥的脱水。经厌氧消化处理的污泥，在真空过滤之前，应进行预处理，一般先对污泥进行淘洗。真空过滤所使用的机械称为真空过滤机，俗称真空转鼓，真空过滤脱水不同污泥的泥饼产率见表 6.8。真空过滤机脱水的特点是能够连续生产，运行平稳，可自动控制。主要缺点是附属设备较多，工序较复杂，运行费用较高。真空过滤脱水目前应用较少。

表 6.8　　　　真空过滤脱水不同污泥的泥饼产率

污　泥　种　类		泥饼产率 [kg/(m² · h)]
原污泥	初沉污泥	30～40
	初沉污泥和生物滤池污泥的混合污泥	30～40
	初沉污泥和活性污泥的混合污泥	15～25
	活性污泥	7～12
消化污泥 （中温消化）	初沉污泥	25～35
	初沉污泥和生物滤池污泥的混合污泥	20～35
	初沉污泥和活性污泥的混合污泥	15～25

　　（2）压滤机。

　　压滤是在外加一定压力的条件下，使含水污泥过滤脱水的操作，可分为间歇型和连续型两种。间歇型的典型压滤机为板框压滤机，连续型的为带式压滤机。

　　带式压滤机种类很多，但基本结构相同，都由滚压轴和滤布组成。主要区别在于挤压方式与装置不同。该类设备的主要特点是把压力加在滤布上，用滤布的压力和张力使污泥脱水，而不需要真空加压设备，动力消耗少，可连续生产。目前，这种脱水方式已得到广泛应用。

　　1）滚压带式脱水机。

　　滚压带式脱水机主要由滚压轴和滤布组成。先将污泥用混凝剂调理后，进入浓缩段，依靠重力作用浓缩脱水，使污泥失去流动性，以免在压榨时被挤出滤布带。浓缩段的停留时间一般为 10～20s，然后进入压榨段，依靠滚压轴的压力与滤布的张力榨取污泥中的水分，压榨段的压榨时间为 1～5min。

带式压滤机的脱水性能见表 6.9。

表 6.9　　　　　　　　带式压滤机的脱水性能

污　泥　种　类		进泥含水率（%）	聚合混凝剂用量比污泥干重（%）	泥饼产率 [kg/（m² · h）]	泥饼含水率（%）
生污泥	初沉污泥	90～95	0.09～0.2	250～400	65～75
	初沉污泥＋活性污泥	92～96	0.15～0.5	150～300	70～80
消化污泥	初沉污泥	91～96	0.1～0.3	250～500	65～75
	初沉污泥＋活性污泥	93～97	0.2～0.5	120～350	70～80

2）板框压滤机。

板框压滤机的构造简单，过滤推动力大，脱水效果较好，一般用于城市污水处理厂混合污泥时泥饼含水率可达 65% 以下。适用于各种污泥，但操作不能连续进行，脱水泥饼产率低。板与框之间相间排列，在滤板两侧覆有滤布，用压紧装置把板与框压紧，即板与框之间构成压滤室。在板与框上端中间相同的部位开有小孔，压紧后成为一条通道。加压到 0.39～0.499MPa 以上的污泥，由该通道进入压滤室。滤板的表面刻有沟槽，下端钻有供滤液排出的孔道，滤液在压力下，通过滤布、沿沟槽与孔道排出滤机，使污泥脱水。板框压滤机的工作性能见表 6.10。

表 6.10　　　　　　　　板框压滤机的工作性能

污泥种类	入流污泥含固率（%）	压滤时间（h）	调节剂用量（g）		包含调节剂的泥饼含固率（%）	不含调节剂的泥饼含固率（%）
			FeCl₃	CaO		
初沉污泥	5～10	2.0	50	100	45	39
初沉污泥＋少于 50% 的活性污泥	3～6	2.5	50	100	45	39

续表

污泥种类	入流污泥含固率（%）	压滤时间（h）	调节剂用量（g）		包含调节剂的泥饼含固率（%）	不含调节剂的泥饼含固率（%）
			$FeCl_3$	CaO		
初沉污泥＋多于 50% 的活性污泥	1～4	2.5	60	120	45	38
活性污泥	1～5	2.5	75	150	45	37

（3）离心机。

污泥离心脱水的原理是利用转动使污泥中的固体和液体分离。颗粒在离心机内的离心分离速度可以达到在沉淀池中沉速的 10 倍以上，可在很短的时间内，使污泥中很细小的颗粒与水分离。此外，离心脱水技术与其他脱水技术相比，还具有固体回收率高、分离液浊度低、处理量大、基建费用少、占地少、工作环境卫生、操作简单、自动化程度高等优点，特别重要的是可以不投加或少投加化学调理剂。其动力费用虽然较高，但总运行费用较低，是目前世界各国在污泥处理中采用较多的方法。

表 6.11　　　　卧式螺旋卸料转筒式离心机处理效率

污泥种类		泥饼含水率（%）	固体回收率（%）	
			未化学调理	化学调理
生污泥	初沉污泥	65～75	75～90	>90
	初沉污泥与腐殖污泥混合	75～80	60～80	>90
	初沉污泥与活性污泥混合	80～88	55～65	>90
	腐殖污泥	80～90	60～80	>90
	活性污泥	85～95	60～80	>90
	纯氧曝气活性污泥	80～90	60～80	>90
消化污泥	初沉污泥	65～75	75～90	>90
	初沉污泥与腐殖污泥混合	75～82	60～75	>90
	初沉污泥与活性污泥混合	80～85	50～60	>90

离心机的分类：按离心的分离因数不同可分为高速离心机、中速离心机和低速离心机；按几何形状的不同可将离心机分为转筒式离心机（包括圆锥形、圆筒形、锥筒形）、盘式离心机和板式离心机。

污泥处理中主要使用卧式螺旋卸料转筒式离心机，其处理效率如表 6.11 所示。适用于比重有一定差别的固液相分离，尤其适用于含油污泥、剩余活性污泥等难脱水污泥的脱水。

6.5　污　泥　填　埋

脱水污泥可单独进行土地填埋，也可按污泥与城市有机垃圾混合后土地填埋。

污泥土地卫生填埋技术要求与设计准则：在地下水最高水位与污泥层底部之间的未扰动土层之间要有一定的厚度；该土层的透水性要低（$<10^{-5}$ cm/s）；卫生填埋场与饮用水源之间要有足够的隔离距离。

污泥填埋后对产生的污泥气（沼气）应予以控制。在填埋场靠向建筑物的一面应设隔绝层（墙），使污泥气不致沿水平方向渗入建筑物，以免引起火灾和爆炸。要做好卫生填埋场的防渗工程，场底应夯实并铺垫不透水材料层，其上应有排水及集水系统以收集、排走淋沥液，防止污染地下水。淋沥液汲出并排入池塘内贮存，若含有机物浓度太大，应有专门处理设施，符合排放标准则可不经处理直接排放。卫生填埋场的衬底选择及其铺设十分重要，一般选用柔性塑料薄膜、橡胶薄膜、喷涂层、沥青混凝土和土密封层等。

卫生填埋场在设计前应调查当地的地理、水文、土壤情况。污泥填埋后需压实并在其上覆以土层。层层填埋、层层埋土，每层厚 0.6～0.9m。每日工作完毕也应对填埋的污泥覆以厚约15cm 的土层以防秽气散发，影响周围环境。填埋完成后场上可种树植草以防侵蚀，或建运动场或公园，供公众娱乐运动用。

土地卫生填埋法基本上有三种类型：沟填法（分为狭沟和宽沟）、面埋法（分为大面积和小面积层埋）和筑堤填埋。

6.6 污泥干燥与焚烧

6.6.1 污泥干燥

污泥经脱水后含水率通常为 60％～80％。为了使污泥便于用作肥料，必须对脱水污泥中所含毛细管水、吸附水与颗粒内部水进一步干燥脱除，使最终含水率降至 10％或更小（到 6％）。污泥干燥时温度达 300℃，排出含有恶臭的蒸汽与废气，可送至 600～900℃的加热装置进行脱臭或湿式净化装置进行洗涤。污泥干化后其中所含孢子及细菌均能杀灭，便于农业使用。

污泥干燥机主要有以下几种类型：①立式多段干燥机；②立式传送带式干燥机；③水平带式干燥机，它与成型器共同组成干基标准干燥机（DB 干燥机），用于活性污泥制造农肥用；④急骤干燥机又称喷气干燥器，可与污泥焚烧共用；⑤回转圆筒式干燥器，应用较广泛。

对于回转圆筒式干燥器、急骤干燥器和水平带式干燥机的选用见表 6.12。

表 6.12　　　　　干 燥 器 选 用

指　标	回转圆筒式干燥器	急骤干燥器	水平带式干燥机
设备定型	有定型设备	无定型设备	无定型设备
灼热气体温度（℃）	120～150	530	160～180
卫生条件	可杀灭病原菌、寄生虫卵	可杀灭病原菌、寄生虫卵	可杀灭病原菌、寄生虫卵
蒸发强度 [kg/($m^3 \cdot h$)]	55～80		
干燥效果，以含水率计（％）	15～20	约 10	10～15
运行方式	连续	连续	连续
干燥时间（min）	30～32	不到 1	25～40

续表

指　　标	回转圆筒式干燥器	急骤干燥器	水平带式干燥机
热效率	较低	高	较低
传热系数 [kJ/(m² · h · ℃)]			2500～5860
臭味	低	低	低
排烟中灰分	低	高	低

6.6.2　污泥焚烧

污泥焚烧可分为完全燃烧和湿式燃烧（不完全燃烧）。完全燃烧指污泥所含水分被完全蒸发，有机物质被完全燃烧，焚烧的最终产物为二氧化碳、水、氮气等气体和灰分。湿式焚烧是指污泥在液态下加压加温并压入压缩空气，使有机物被氧化去除从而改变污泥的脱水性能。

脱水污泥滤饼经完全焚烧处理后，水分蒸发成为蒸汽，有机物转化为可燃气体，无机物变成灰渣。可燃气温度高达 1000℃，细菌、孢子、寄生虫卵全部被杀灭。焚烧所需热量，依靠污泥本身含有的有机物的燃烧发热量或补充燃料。污泥中有机物含量与单位重量污泥固体的发热量成正比。若有机物含量为 70％ 左右，则发热量约为 16750kJ/kg 固体；有机物含量为 50％ 左右，则为 8800～9200kJ/kg 固体。

污泥完全焚烧可以重油、油、沼气、城市有机垃圾等作为辅助燃料。

污泥完全焚烧炉主要有以下几种类型：①立式多段焚烧炉；②回转窑焚烧炉；③流化床焚烧炉；④立式焚烧炉。其中回转窑焚烧炉与回转圆筒干燥机基本相同，但其长度较大，可分为逆流式、并流式和错流式回转炉三种炉型。回转炉的前段约 2/3 长度为干燥带；后段 1/3 长度为燃烧带。在干燥带内，污泥进行预热干燥，达到临界含水率约 10％～30％，温度约为 160℃，进行蒸发并升温，达着火点；在燃烧带内干馏污泥着火燃烧，温度可达 700～900℃。

6.7　污泥的最终处置

污泥的最终处置与利用可归纳成图 6.7。

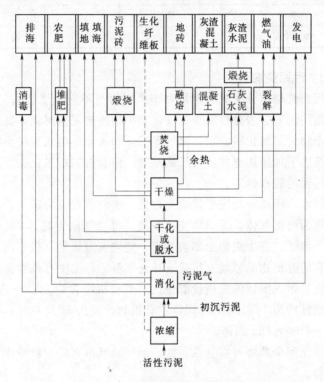

图 6.7　污泥的最终处置与利用略图

最终处置与利用的主要方法是：作为农肥利用、建筑材料利用、填海造地利用以及排海。从图可知，污泥的最终处置与利用，与污泥处理工艺流程的选择有密切关系，因而要通盘考虑。

6.7.1　污泥的农肥利用

我国城市污水处理厂污泥含有的氮、磷、钾等非常丰富，可作为农业肥料，污泥中含有的有机物又可作为土壤改良剂。

污泥作为肥料施用时必须符合：①满足卫生学要求，即不得含有病菌、寄生虫卵与病毒，故在施用前应对污泥做消毒处理或季节性施用，在传染病流行时停止施用；②重金属离子，如 Cd、Hg、Pb、Zn 与 Mn 等最易被植物摄取并在根、茎、叶与果实内积累，故污泥所含的金属离子浓度必须符合我国农林部制定的《农用污泥标准》（GB 4284—84）；③总氮含量不能太高，氮是作物的主要肥分，但浓度太高会使作物的枝叶疯长而倒伏减产。

6.7.2 污泥堆肥

污泥堆肥一般采用好氧条件下，利用嗜温菌、嗜热菌的作用，分解污泥中有机物质并杀灭传染病菌、寄生虫卵与病毒，提高污泥肥分。

污泥堆肥一般应添加膨胀剂。膨胀剂可用堆熟的污泥、稻草、木屑或城市垃圾等。膨胀剂的作用是增加污泥肥堆的孔隙率，改善通风以及调节污泥含水率与碳氮比。

堆肥方法有污泥单独堆肥，污泥与城市垃圾混合堆肥两种方法。

6.7.3 污泥制造建筑材料

（1）制造生化纤维板。

活性污泥中含有丰富的粗蛋白（约含 $30\% \sim 40\%$，重量百分数）与球蛋白酶，可溶于水、稀酸、稀碱及中性盐溶液。将干化后的活性污泥，在碱性条件下加热加压、干燥会发生蛋白质的变性，制成活性污泥树脂又称蛋白胶。利用污泥的这种特征可以制造出生化纤维板。

（2）制污泥焚烧灰渣水泥，其强度符合 ASTM 砌筑水泥规范。污泥焚烧灰也可作为混凝土的细骨料，代替部分水泥与细砂。

（3）制污泥砖和地砖。

1）污泥砖。

污泥砖的制造有两种方法：一种是用干污泥直接制砖；另一

种用污泥焚烧灰制砖。在利用干污泥或污泥焚烧灰制砖时，应添加适量的黏土或硅砂，提高 SiO_2 的含量，然后制砖。一般的配比为干污泥（或焚烧灰）：黏土：硅砂＝1：1：（0.3～0.4）（重量比）为合适。

2）污泥制地砖。

污泥焚烧灰在1200～1500℃的高温下煅烧，有机物被完全焚烧，无机物熔化，再经冷却后形成玻璃状熔渣，可生产地砖、釉陶管等。

6.7.4 污泥裂解

污泥经干化、干燥后，可以用煤裂解的工艺方法，将污泥裂解制成可燃气、焦油、苯酚、丙酮、甲醇等化工原料。污泥高温干馏裂解的工艺流程见图6.8。

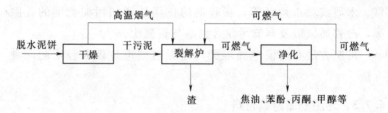

图6.8 污泥高温裂解工艺流程

6.7.5 污泥填海造地

浅水海滩、海湾处，可用污泥填海造地。填海前应先建围堤。污泥填海造地时，应严格遵守如下要求：

（1）必须建围堤，不得使污泥污染海水，渗水应收集处理。

（2）填海造地的污泥、焚烧灰中，重金属离子的含量应符合填海造地标准。

6.7.6 污泥投海

沿海地区，可考虑把生污泥、消化污泥、脱水泥饼或焚烧灰投海。投海污泥最好是经过消化处理的污泥，投海的方法可用管道输送或船运。前者比较经济，后者的费用约为前者的6倍。

参考文献

[1]　张自杰．排水工程·下册．4 版．北京：中国建筑工业出版社，2000．

[2]　王燕飞．水污染控制工程．北京：化学工业出版社，2001．

[3]　尹军，谭学军．污水污泥处理处置与资源化利用．北京：化学工业出版社，2005．

[4]　北京市政设计研究院．给排水设计手册——城镇排水．2 版．北京：中国建筑工业出版社，2003．

第7章 城市污水回用

7.1 城市污水回用概述

7.1.1 我国水资源现状

水是人类生存的基础，是经济发展和社会进步的必要条件。虽然我国水资源总量约 2.8×10^4 亿 m^3，居世界第六位，但我国人口占世界的 21%，人均占有地表水资源 $2700m^3$，仅为世界人口占有量的 1/4，是世界上 13 个最缺水国家之一。2000 年地表水资源量 26562 亿 m^3，2000 年总供水量 5531 亿 m^3，其中地表水源供水量占 80.3%。地下水源供水量占 19.3%，其他水源供水量占 0.4%。2000 年总用水量 5498 亿 m^3，人均综合用水量为 $430m^3$，城镇生活用水占 5.2%，万元生产总值用水量为 $610m^3$。同时，国内水资源浪费现象严重，农业用水利用率仅 40%～50%，工业用水重复利用率为 20%～40%，单位产品用水定额往往比发达国家高 10 倍以上。

同时我国淡水资源的分布很不均匀，总体上说是东南多，西北少，长江流域和江南地区拥有全国 70% 的水资源；而淮河以北的近 2/3 的国土，径流量只占全国的 1/6。当前，全国 600 多个城市中有一半的城市缺水，其中 185 个城市严重缺水，每年缺水造成的工业生产损失高达 200 多亿元。从我国长远的发展来看，据有关专家分析，当 2050 年我国人口达到 16 亿顶峰、经济发展达到中等发达国家水平时，全国总需水量将达到 8500 亿～9000 亿 m^3/a，其中农业需水量约 4300 亿～4400 亿 m^3/a（不包括农村人、畜用水量），2030～2050 年城乡生活用水量将达到

1200亿~1500亿 m³/a,工业用水即使考虑节水效果仍将达到2100亿~2300亿 m³/a。对比我国2050年需水量与2000年总用水量5498亿 m³,以及专家估计的我国最大可持续利用水资源量1万亿~1.1万亿 m³/a(可供水量按水资源总量30%~40%计算)、或6000亿 m³/a(按总量20%计算),不难得出我国取水量已接近或者将超过水资源开发的安全极限。因此,不能不说这是一个极其危险的缺水信号,我们有必要合理开发和利用水资源。

此外,我国水资源污染状况也相当严重。据中国环境公报2002年统计表明,我国七大水系中辽河、海河水系污染最为严重,劣Ⅴ类水体占60%以上;淮河干流为Ⅲ~Ⅴ类水体,支流及省界河段水质仍然较差;黄河水系总体水质较差,干流水质以Ⅲ~Ⅳ类水体为主,支流污染普遍严重;松花江水系以Ⅲ~Ⅳ类水体为主;珠江水系水质总体良好,以Ⅱ类水体为主;长江干流及主要一级支流水质良好,以Ⅱ类水体为主。七大水系污染程度由重到轻依次为:海河、辽河、黄河、淮河、松花江、珠江、长江。十大淡水湖也受到了有机物、氮磷的严重污染,主要湖泊富营养化问题依然突出。滇池水体为重度富营养状态,太湖和巢湖为轻度富营养状态。这些水环境的污染进一步加剧了水资源的短缺。

由上可见,随着经济的增长和社会的发展,人们对水的需求迅速增长,我国在水质、水量两方面都已经出现严重的供求矛盾,缺水已经阻碍和制约着我国国民经济持续发展。对此,除积极开发新的水资源、严格控制水污染及积极开展节水措施之外,城市污水的回用也是缓解水资源紧张的有效措施。

城市污水回用,是将城市污水加以处理再生后回用于可用再生水的地方,从而取代干净的优质原水,以污代清,节约优质水,使好水得以养息。城市污水回用可以使污水成为工农业生产、城市建设和人民生活等领域的第二水源,不仅仅具有可观的经济效益,同时还有很好的社会、环境效益,是我国实施水资源可持续利用的重要途径之一。

7.1.2　城市污水回用的紧迫性及可行性

20世纪70年代以来，水资源的开发利用出现了新的问题：

（1）水资源出现了短缺，相对水资源需求而言，水资源供给不能满足生产生活的需求，导致生产开工不足，饮用发生危机，造成了巨大社会经济损失，逐渐显现出水资源是国民经济持续快速健康发展的"瓶颈"，水资源产业是国民经济基础产业，优先发展它是一种历史的必然的趋势。

（2）工农业生产和人民生活过程中排放出大量的污水，污染了水源，导致水资源功能下降，使本来就有的水资源供需矛盾更加尖锐，给经济环境带来极大影响，严重地制约着经济社会的可持续发展，因此，为了缓解水资源的供需矛盾和日益严重的水环境恶化的世界性难题，污水处理回用已迫在眉睫。

城市污水或生活污水经处理后达到一定水质标准的回用水，其水质介于上水与下水之间，是水资源有效利用的一种形式，可在一定范围内重复使用。开展城市污水回用工作，已显现出另辟水源和减轻水污染的双重功能。

自2000年5月以来，北方地区百年不遇的大旱，使许多水库河流出现从来没有过的枯干和断流，400多个城市严重缺水，已有150个城市先后开始实行定时限量供水，严重影响了城市的可持续发展。

在城市闹水荒的同时，和城市供水量几乎相等的城市污水却白白流失，既污染了环境，又浪费了水资源。城市污水就近可得，污染比海水轻得多，处理技术已过关且费用不高，作为第二水源要比长距离引水来得实际。污水回用具备缓解城市水荒的能力，国外污水回用很早就已开始，且规模都很大。日本在20世纪六七十年代经济复兴就是靠污水回用解决了水的需求矛盾。美国加州朗朗晴天，降雨量很少，污水回用已被工业和老百姓欣然接受，且是随处可见的事实。

我国的污水回用起步较晚，但近几十年尤其是"六五"计划以来有了长足的发展。"七五"、"八五"和"九五"国家攻关都将城市污水回用列入课题，积累了多年的实践经验并有了一定的科学理论研究成果，取得了污水回用的成套技术成果，所有这些都将为我国城市污水回用提供可靠、成熟的技术和工程经验，我国城市污水回用事业在技术上是完全可行的。

城市污水回用采取分区集中回收再用，一方面可以有利于提高城市（包括工业企业）水资源的综合经济效益，其次与目前开发其他水资源相比具有较大的经济优势，另外污水回用还可以产生诸多间接经济效益。

7.1.3 城市污水回用现存主要问题及对策

1. 现行城市自来水价格过低

目前水价格过低，使人们对水资源缺乏这一现实认识不够。而且面对近乎同等的水价，人们不理解，不愿主动使用再生水，投资者、房地产商没有积极性建设污水回用、中水工程，从而不利于节水和水资源的有效利用。要摆脱这一现状，必须建立合理的水价体制，制定有利于水资源可持续利用的经济政策，这对缓解水资源的供需矛盾至关重要。

2. 城市污废水的资源化统一规划

要切实地实行城市污水回用，前期的工作必须落实。然而就目前的情况来看，污废水的收集工作进行得很不规范，没有一个整体的系统性。解决这一问题的关键，就是要严格控制污废水的排放，加强其收集工作，使之系统化，从而形成资源化的统一管理。

3. 污水回用缺乏完善必要的法规

只是一味地提倡使用再生水、中水，却没有一个完善的法规对建设、使用再生水、中水的用户进行严格规定，效果是不明显的。必须研究、制定地方性法规，明确规定必须使用再生水、中水的地区、部门，对有违法规者给予相应的处罚。

4. 研究开发新的技术和设备

污水回用的发展，仅仅有政策是不够的，还必须靠强有力的技术支撑。中水系统得不到广泛应用，其中很重要的一个原因是其初期投资较高，占地面积较大，需专人管理，短期经济效益不明显。因此，为使中水系统得以推广，必须首先加强新技术的开发，加快新产品的研制，以降低中水处理成本。

城市污水再生回用，实现污、废水资源化，既可节省水资源，又使污水无害化，起到保护环境、防治水污染和缓解水资源不足的重要作用。在致力于优化处理过程和降低处理成本的基础上，学习国内外先进技术与经验，研究解决出现的问题，使污水回用能更大程度上地促进经济与环境的协调发展。随着回用技术的成熟，必将推动我国城市污水资源化研究的进程，实现城市与水资源开发利用的可持续发展。

7.2 城市污水回用的主要用途及水质标准

7.2.1 技术术语

根据《污水再生利用工程设计规范》（GB 50335—2002）、《城市污水再生利用城市杂用水水质标准》（GB/T 18920—2002）等，城市污水回用技术主要术语如下。

（1）污水再生利用（waste water reclamation and reuse, water recycling）。

污水再生利用为污水回收、再生和利用的统称，包括污水净化再用、实现水循环的全过程。

（2）城市污水再生利用。

以城市污水为再生水源，经再生工艺净化处理后，达到可用的水质标准，通过管道输送和现场使用的方式予以利用的全过程。

（3）深度处理（advanced treatment）。

进一步去除常规二级处理所不能完全去除的污水中杂质的净化过程。深度处理通常由以下单元技术优化组合而成：混凝、沉淀（澄清、气浮）、过滤、活性炭吸附、离子交换、反渗透、电渗析、氨吹脱、臭氧氧化、消毒等。

（4）再生水（回用水、回收水、中水）（reclaimed water,

recycled water）。

一般指污水经一级处理、二级处理和深度处理后供作回用的水。当一级处理或二级处理出水满足特定回用要求并已回用时，一级或二级处理出水也可称为再生水。

（5）再生水厂（water reclamation plant，water recycling plant）。

以回用为目的的污水处理厂。常规污水处理厂是以去除污染物质后排放为目的的，而再生水厂一般包括深度处理。

（6）二级强化处理（upgraded secondary treatment）。

既能去除污水中含碳有机物，也能脱氮除磷的二级处理工艺。

（7）微孔过滤（micro-porous filter）。

孔径为 $0.1 \sim 0.2 \mu m$ 的滤膜过滤装置统称，简称微滤（MF）。

7.2.2　污水回用的主要用途

根据进水水质的不同，由城市污水深度处理后的回用水可以有很多不同的用途。回用水的用途十分广泛，基本可以归纳为以下几类。

（1）城市生活用水和市政用水。

（2）工业用水，包括冷却水、工艺用水、锅炉用水和其他一些工业用水。

（3）农业（包括牧渔业）回用。

（4）地下水回灌。

（5）景观、娱乐方面的回用。

（6）其他方面的回用。

回用水按具体回用用途可分为回用于工业用水、回用于农业用水、回用于城市杂用水、回用于环境用水和回用于补充水源水等。城市污水回用分类（GB/T 18919—2002）如表 7.1 所示。

表 7.1　　城市污水回用分类

序号	分　类	范　围	示　　例
1	农、林、牧、渔业用水	农田灌溉	种子与育种、粮食与饲料作物、经济作物
		造林育苗	种子、苗木、苗圃、观赏植物
		畜牧养殖	畜牧、家畜、家禽
		水产养殖	淡水养殖
2	城市杂用水	城市绿化	公共绿地、住宅小区绿化
		冲厕	厕所便器冲洗
		道路清扫	城市道路的清洗及喷洒
		车辆清洗	各种车辆清洗
		建筑施工	施工场地清扫、浇洒、灰尘抑制、混凝土制备与养护、施工中的混凝土构件和建筑物冲洗
		消防	消火栓、消防水炮
3	工业用水	冷却用水	直流式、循环式
		洗涤用水	冲渣、冲灰、消烟除尘、清洗
		锅炉用水	中压、低压锅炉
		工艺用水	溶料、水浴、蒸煮、漂洗、水力开采、水力疏松、增湿、稀释、搅拌、选矿、油田回注
		产品用水	浆料、化工制剂、涂料
4	环境用水	娱乐性景观环境用水	娱乐性景观河道、景观湖泊及水景
		观赏性景观环境用水	观赏性景观河道、景观湖泊及水景
		湿地环境用水	恢复自然湿地、营造人工湿地
5	补充水源水	补充地表水	河流、湖泊
		补充地下水	水源补给、防止海水入侵、防止地面沉降

回用水应满足如下要求：

（1）对人体健康不应产生不良影响；对环境质量、生态维护不应产生不良影响。

（2）对生产目的回用，不应对产品质量产生不良影响。

（3）水质应符合各类使用规定的水质标准。

（4）为使用者及公众所接受，使用时没有嗅觉和视觉上的不快感。

（5）回用系统在技术上是可行的，系统运行可靠，提供的水质水量稳定。

（6）在经济上是廉价的，在水价上有竞争力。

（7）加强使用者的安全教育。

7.2.3 城市污水回用水质标准

各类水质标准是确保回用水的使用安全可靠和回用工艺选用的基本依据。为控制污染、确保水的安全使用，国家已制定了一系列相应的水质标准，包括《城市污水再生利用分类》（GB/T 18919—2002）、《城市污水再生利用——城市杂用水水质》（GB/T 18920—2002）、《城市污水再生利用——景观环境用水水质》（GB/T 18921—2002）等。

1. 用于城市杂用水水质要求和标准

《城市污水再生利用—城市杂用水水质》（GB/T 18920—2002）如表 7.2 所示。

表 7.2　　　　　城市杂用水质控制指标

序号	项目指标	冲厕、道路清扫、消防	城市绿化	洗车	建筑施工
1	pH 值	6.0～9.0	6.0～9.0	6.0～9.0	6.0～9.0
2	色度（度）	≤30	≤30	≤30	≤30
3	嗅味	无不快感觉	无不快感觉	无不快感觉	无不快感觉
4	浊度（NTU）	冲厕≤5 道路清扫和消防≤10	≤10	≤5	≤20
5	溶解性固体（mg/L）	≤1500	≤1000	≤1000	

续表

序号	项目指标	冲厕、道路清扫、消防	城市绿化	洗车	建筑施工
6	BOD₅（mg/L）	冲厕≤10 其他≤15	≤20	≤10	≤15
7	氯化物（mg/L）	≤10	≤20	≤10	≤20
8	阴离子表面活性剂（mg/L）	≤1.0	≤1.0	≤0.5	≤1.0
9	铁（mg/L）	≤0.3	—	≤0.3	—
10	锰（mg/L）	≤0.1	—	≤0.1	—
11	溶解氧（mg/L）	≥1.0	≥1.0	≥1.0	≥1.0
12	游离性余氯（mg/L）	用户端≥0.2	用户端≥0.2	用户端≥0.2	用户端≥0.2
13	总大肠菌群（个/L）	≤3	≤3	≤3	≤3

2. 回用于景观环境用水水质要求和标准

景观环境回用指经处理再生的城市污水回用于观赏性景观环境用水、娱乐性景观环境用水、湿地环境用水等。对于人体接触的娱乐性景观环境用水，不应含有毒、有刺激性物质和病原微生物，通常要求再生水经过过滤和充分消毒。过量的氮磷会促使藻类和水生植物繁殖及过分生长，加速湖泊富营养化过程，使水体腐化发臭；对湿地则需要根据具体情况，经评价后，提出相应的水质要求。《城市污水再生利用——景观环境用水水质》（GB/T 18921—2002）见表7.3。

表7.3　　景观环境用水的再生水水质控制指标

序号	项 目	观赏性景观环境用水			娱乐性景观环境用水		
		河道类	湖泊类	水景类	河道类	湖泊类	水景类
1	基本要求	无漂浮物，无令人不愉快的嗅和味					
2	pH值（无量纲）	6～9					
3	五日生化需氧量（BOD₅）≤	10	6		6		

续表

序号	项 目		观赏性景观环境用水			娱乐性景观环境用水		
			河道类	湖泊类	水景类	河道类	湖泊类	水景类
4	悬浮物（SS）	≤	20	10			—	
5	浊度（NTU）	≤		—			5.0	
6	溶解氧	≥		1.5			2.0	
7	总磷（以 P 计，mg/L）	≤	1.0	0.5		1.0	0.5	
8	总氮	≤				15		
9	氨氮（以 N 计）	≤				5		
10	粪大肠菌群（个/L）	≤	10000	2000		500	不得检出	
11	余氯（mg/L）	≥				0.05		
12	色度（度）	≤				30		
13	石油类	≤				1.0		
14	阴离子表面活性剂	≤				0.5		

注 若使用未经过除磷脱氮的再生水作为景观用水，鼓励使用本标准的各方在回用地点积极探索，通过人工培养具有观赏价值水生植物的方法，使景观水的氮磷满足表中的要求，使再生水中的水生植物有经济合理的出路。

标准说明如下：

（1）再生水利用方式。

1）污水再生水厂的水源宜优先选用生活污水或不包含重污染工业废水在内的城市污水。

2）当完全使用再生水时，景观河道类水体的水力停留时间宜在 5d 以内。

3）完全使用再生水作为景观湖泊类水体，在水温超过 25℃时，其水体静止停留时间不宜超过 3d；而在水温不超过 25℃时，则可适当延长水体静止停留时间，冬季可延长水体静止停留时间至 1 个月左右。

4）当加设表曝类装置增强水面扰动时，可酌情延长河道类水体水力停留时间和湖泊类水体静止停留时间。

5）流动换水方式宜采用低进高出。

6）应充分注意两类水体底泥淤积情况，进行季节性或定期性清淤。

（2）其他规定。

1）由再生水组成的两类景观水体中的水生动、植物仅可观赏，不得食用。

2）不应再含有再生水的景观水体中游泳和洗浴。

3）不应将含有再生水的景观环境用水用于饮用和生活洗涤。

3. 城市污水回用于工业冷却水的水质标准

参照《污水再生利用工程设计规范》（GB 50335—2002）规定的再生水用作冷却水的水质控制标准，具体见表7.4。

表 7.4　　　　　再生水用作冷却用水的水质控制指标

项　　目	直流冷却水	循环冷却系统补充水
pH 值	6.0～9.0	6.5～9.0
SS（mg/L）	30	—
浊度（NTU）	—	5
BOD$_5$（mg/L）	30	10
COD$_{Cr}$（mg/L）	—	60
铁（mg/L）	—	0.3
锰（mg/L）	—	0.2
氯化物（mg/L）	300	250
总硬度（以 CaCO$_3$ 计，mg/L）	850	450
总碱度（以 CaCO$_3$ 计，mg/L）	500	350
氨氮（mg/L）　≤	—	10
总磷（以 P 计，mg/L）　≤	—	1
溶解性总固体（mg/L）　≤	1000	1000
游离余氯（mg/L）　≤	末端 0.1～0.2	末端 0.1～0.2
粪大肠菌群（个/L）　≤	2000	2000

注　当循环冷却水系统为铜材换热器时，循环冷却系统水中的氨氮指标应小于 1mg/L。

4. 农业回用水水质标准

国内目前还没有专门的农业回用水水质标准，一般可参照农田灌溉水质标准。《农田灌溉水质标准》（GB 5084—2005）见表7.5。

表 7.5 农田灌溉水质标准

序号	项目类别		作物种类		
			水作	旱作	蔬菜
1	生化需氧量（mg/L）	≤	60	100	40ᵃ，15ᵇ
2	化学需氧量（mg/L）	≤	150	200	100ᵃ，60ᵇ
3	悬浮物（mg/L）	≤	80	100	60ᵃ，15ᵇ
4	阴离子表面活性剂（mg/L）	≤	5	8	5
5	水温（℃）	≤	35		
6	pH 值		5.5～8.5		
7	全盐量（mg/L）	≤	1000ᶜ（非盐碱土地区），2000ᶜ（盐碱土地区）		
8	氯化物（mg/L）	≤	350		
9	硫化物（mg/L）	≤	1		
10	总汞（mg/L）	≤	0.001		
11	镉（mg/L）	≤	0.01		
12	总砷（mg/L）	≤	0.05	0.1	0.05
13	铬（六价）（mg/L）	≤	0.1		
14	铅（mg/L）	≤	0.2		
15	粪大肠菌群数（个/100mL）	≤	4000	4000	2000ᵃ，1000ᵇ
16	蛔虫卵数（个/L）	≤	2		2ᵃ，1ᵇ
17	铜（mg/L）	≤	0.5	1	
18	锌（mg/L）	≤	2		
19	硒（mg/L）	≤	0.02		
20	氟化物（mg/L）	≤	2（一般地区），3（高氟区）		
21	氰化物（mg/L）	≤	0.5		
22	石油类（mg/L）	≤	5	10	1
23	挥发酚（mg/L）	≤	1		
24	苯（mg/L）	≤	2.5		
25	三氯乙醛（mg/L）	≤	1	0.5	0.5
26	丙烯醛（mg/L）	≤	0.5		
27	硼（mg/L）	≤	1（对硼敏感作物），2（对硼耐受性较强的作物），3（对硼耐受性强的作物）		

a 加工、烹调及去皮蔬菜。

b 生食类蔬菜、瓜类和草本水果。

c 具有一定的水利灌排设施。能保证一定的排水和地下水径流条件的地区，或有一定淡水资源能满足冲洗土体中盐分的地区，农田灌溉水质全盐量指标可以适当放宽。

本标准适用于全国以地面水、地下水和处理后的城市污水及与城市污水水质相近的工业废水作水源的农田灌溉用水。本标准不适用医药、生物制品、化学试剂、农药、石油炼制、焦化和有机化工处理后的废水进行灌溉。

7.3　城市污水处理及回用工程实例

7.3.1　常规处理技术

　　早期的城市污水回用主要用于农业灌溉，由于对水质要求不高，一般就直接将污水处理厂二级出水加以利用。随着城市污水回用领域的扩大，对回用水的水质也有了不同的要求，并针对不同的用途和要求制定了水质标准，但是这些标准的要求都高于污水处理厂二级出水水质，因此污水回用技术多对二级出水进行深度处理。常用的城市污水回用技术包括传统处理（混凝、沉淀、常规过滤）、生物过滤、生物处理、活性炭吸附、膜分离、消毒、土地处理等。

　　常规处理以生物处理为主体，以达到排放标准为目标的现代城市污水处理技术，经过长期的发展，已达到比较成熟的程度。对生物处理工艺的改进和发展，可以提高处理效果，稳定和改善出水水质，有利于后续深度处理的实施，提高回用的可靠性，是城市污水回用技术发展的重要方面之一。

7.3.2　深度处理技术

　　城市污水回用深度处理基本单元技术有混凝沉淀（气浮）、化学除磷、过滤、消毒等。

　　对回用水质要求更高时采用的深度处理单元技术有活性炭吸附、臭氧—活性炭、生物碳、脱氨、离子交换、微滤、超滤、纳滤、反渗透、臭氧氧化等。

7.3.3　处理技术的组合与集成

　　回用水的用途不同，采用的水质标准和处理方法也不同；同样的回用用途，由于原水水质不同，相应的处理工艺和参数也有差异。因此，城市污水再生处理工艺应根据处理规模、再生水水源的水质、再生水用途及当地的实际情况和要求，经全面技术经济比较，将各单元处理技术优化组合集成为合理可行的工艺流程。在处理技术的组合集成中，衡量的主要技术经济指标，由再生水处理单位水量投资、电耗和制水成本、占地面积、运行可靠性、管理维护难易程度、总体经济效益与社会效益等组成。

单元处理技术的组合集成是城市污水回用处理技术的重要方面之一，在确定工艺流程的过程中，需认真分析、合理组合，也是今后一段时间城市污水回用处理技术研究、实践和发展的重点之一。

实际工程中，应根据每一个回用工程的实际情况确定合适的工艺组合，以工业回用为例，不同的工业回用对象有不同的回用水要求。回用水用作工厂冷却水时，采用的工艺应能降低水中会引起装置结垢的硬度，去除会引起装置腐蚀和生物污垢的氨氮等污染物，而当回用水用作工艺用水时，则需根据所回用的工艺用水水质要求，来确定所采用的处理工艺方法。

表 7.6 是 Glen T. Daigger 博士总结的美国常用的回用用途和相应的处理要求与水平，可供参考。

表 7.6　　　　　　回用水使用方式和相应的处理方法

回用用途	举　例	处理工艺举例
补充给水	非直接饮用水	作为给水源使用之前，要根据其是否经过土壤蓄水层处理以及混合稀释程度来确定处理方法是二级处理还是深度处理方法
工业性回用	包括冷却水的各种生产用水	一般要求是最少经过二级处理，用作冷却水时，还要去除硬度、脱盐以及去除 NH_3-N 以减少生物污垢的产生
非限制接触性回用	非限制接触性城市灌溉、直接食用作物的灌溉、接触性景观水体	二级（生物）处理，过滤（粒状介质或膜）和严格的消毒等

续表

回用用途	举　　例	处理工艺举例
限制性回用	限制接触性城市灌溉和农业灌溉	二级（生物）处理和适度的消毒
环境修复	维持环境所需的一定流量	至少进行二级生物处理，有时包括去除营养物质，一般情况下进行适度消毒
农业性回用于深加工粮食作物	小麦、玉米及其他食用前需要热加工的作物	至少进行初级处理，但进行贮存时常需要经过二级处理以尽量减少臭味，对工业污水要进行有毒物质的控制，适度消毒
农业性回用于非食用作物	牧草、苜蓿及其他动物饲用作物	至少进行初级处理，但进行贮存时常需要经过二级处理以尽量减少臭味，对工业污水要进行有毒物质的控制，适度消毒

7.3.4　天津新水源一厂再生水利用工程应用实例

1. 可行性分析

城市污水具有量大、集中、水质相对稳定的特点，是一种潜在的水资源。天津经济技术开发区污水处理厂自建成使用以来，运行情况良好，完全实现了原设计的出水水质要求，为开发区解决了污水污染，改善水环境做出了很大贡献，缓解了渤海湾水域污染严重的现状，每日排放的二级生化处理出水，为污水深度处理回用提供了可靠的水源。但是，由于现有二级出水的总含盐量达到 3000～6000mg/L，直接回用的范围受到很大限制，也与开发区目前对回用水客户的需求情况不符合。因此，迫切需要建设将二级出水进行深度处理并达到可满足绿化、景观补充水、地下补充水、地下水回灌、生活杂用水及各种工业用水水质标准的回用工程。

2. 工程建设的目的

天津经济技术开发区新水源一厂污水脱盐示范工程的建设，要达到如下几个方面的目的：

（1）用二级处理的城市污水，生产 1.5 万 t/d 的景观用水，1 万 t/d 反渗透脱盐水，以缓解开发区用水紧张的局面，每年可节约大量淡水资源，经济、社会及环境效益显著。

（2）在城市污水经处理后找到新的出路的同时，提高水的附加值，为促进全国城市污水回用提供工程示范。

（3）项目的预处理工艺起点高，经过对工程规模的技术经济考核有助于提高我国的反渗透预处理技术水平，通过技术及设备的引进、吸收和消化，为我国实现大规模污水资源化工程提供借鉴。

（4）该项目成功实施后，形成的技术可用于西部开发，淡化西部地区和沿海地区的苦咸水。

3. 污水深度处理工艺流程

由于在我国尚无污水脱盐处理的研究成果和工程实践，为达到理想的效果和第一手资料，从 2001 年 1 月 3 日至 2002 年 3 月 8 日，开始进行对污水脱盐深度处理中间试验，经多次反复的试验和论证，确定新水源一厂深度处理工艺流程如图 7.1 所示。

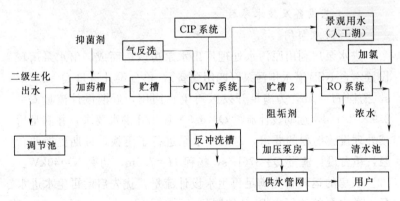

图 7.1　深度处理工艺流程

CMF 连续式微过滤技术是由微滤膜柱、压缩空气系统和反冲洗系统以及 PLC 自控系统等组成，具有如下独特的优点：

（1）采用直流式过滤，使处理效果不受进水水质影响。

（2）与传统常规方法比，不需投加大量的化学药剂，出水中不含化学残留物，安全环保、节省投资。

（3）灵活的模块结构设计有利于对设备的更换和增容。

（4）在线膜完整性测试，在任何时间均能保证出水水质。

（5）采用内含故障诊断，运行自动化程度高。

（6）系统占地小，无需处理构筑物，仅需一个处理车间，工程造价低，安装费用少。

CMF处理后，出水一部分排至休闲娱乐区人工湖，另一部分作为需要，进一步脱盐处理。

脱盐采用反渗透（RO）技术，将经过CMF处理后的水中盐分去除，排入清水池，经水泵加压通过管道，供开发区再生水用户使用。

该工艺与传统工艺相比具有工艺流程简洁、结构紧凑、占地面积小、自动化程度高、操作简便，无需投加大量的化学药品，使用专门的自动清洗工艺，运行成本低，代表了目前水处理技术的最新发展方向。

4. 工艺设备及技术参数

（1）进水泵房。

进水泵房利用原污水处理厂出水泵房改造而成。出水泵房现设置六台KSB潜水排污泵（四用两备），单台设计流量 $Q=290L/s$，扬程 $H=5m$，为满足开发区再生水回用，近期设计流量 $Q=2.9\times10^4t/d$，远期设计流量 $Q=6.5\times10^4t/d$ 供水要求，并满足后续处理设施扬程的要求，对原出水泵进行了更换，近期更换两台泵，单台设计流量 $Q=376L/s$，扬程 $H=7.5m$，功率 $N=40kW$。

泵房的运转首先满足再生水设计流量，优先启动再生水进水泵，进水泵的运行由PLC控制。

（2）调节池。

调节池调蓄容量 $V=4833m^3$，调节池有效水深3m，池长50m，池宽32m，共两个。在每个调节池进水管路上设置电磁流量计一台，并设有检修用的电动闸阀。

（3）再生水处理车间。

1）CMF微过滤处理设备。

为保证近期设计出水量，需选用 10 台 108M10C 型澳大利亚 CMF 处理设备，日产水量 2.9 万 m³。

技术参数：中水温度为 15℃；反冲频率为 20min；反冲时间为 2.5min；碱洗频率为 14d；酸洗频率为 60d。

工艺设备采用压缩空气反冲洗，并间隔一段时间后，分别用酸、碱清洗 CMF 膜，在 CMF 进水前投加抑菌剂，以防止 CMF 膜及 RO 膜滋生微生物。

2）连续微滤膜技术（CMF）原理。

连续微滤膜技术（CMF）工艺是在膜的一侧施加一定的压力，使水透过膜，而将大于孔径的悬浮物、细菌、有机污染物等截留的处理工艺。该系统由微过滤柱、压缩空气系统和反冲洗系统以及 PLC 系统等组成。微滤柱的直径为 120mm，高度为 1500mm，内装的中空纤维外径为 550μm，内径为 300μm，壁孔径为 0.2μm，单柱膜表面积为 15m²，20℃时单根微滤膜柱水通量为 1.26m³/h，CMF 系统的操作由控制装置自动控制，水由中空纤维外向膜内渗透，正常工作压力很低，工作范围 30～100kPa，最高达到 200kPa。一般每 30～40min 用压力空气反冲洗一次，反冲时，压缩空气由中空纤维膜内吹向膜外，反冲压力为 600kPa，时间 10～20min。当进水浓度不稳定时，膜污染加重，超过它的设定指标时会自动强制冲洗，以保护膜的寿命。反冲洗水量为进水量的 8%～10%，对于污水经二级处理后的出水作为 CMF 系统进水时，CMF 系统一般工作 10～20d，需化学清洗一次（碱洗或酸洗）。CMF 系统为模块式设计，易于增容，膜柱中的子膜组可以进行更换、隔离、修补，因此即使膜有损坏也可及时修补，不影响整个系统的正常运行。CMF 微滤膜的正常使用寿命为 5 年。

（4）RO 反渗透处理。

1）反渗透处理设备。

选用两台 RO 产水设备，RO 产水量每台 5000m³/d，日处理 CMF 出水 13333m³。

2）反渗透技术（RO）原理。

反渗透膜选用美国 DOW 化学公司耐污染的反渗透膜，该膜具有较好的脱盐效果和较强的耐污染特性，以保证良好的出水水质和稳定的运行效果。反渗透是以外加压力克服渗透压的一种膜分离技术，整个分离过程不发生相变，从而节能、经济、装置简单、操作方便。本系统采用一级两段式，包括膜分离工艺和膜清洗工艺，在分离过程中，可溶性无机盐被浓缩，当超出溶解浓度时，被截留在膜表面形成硬垢，所以要在进水中添加阻垢剂，并实施进行膜的清洗。

（5）清水池。

两座清水池，每座清水池基本尺寸为 30m×20m×4m，总容量为 4800m³。

（6）出水泵房。

清水泵 3 台（二用一备）。清水泵采用变频水泵，以减少长期运行的电耗，达到节能的效果。

（7）出水加氯消毒。

为满足再生水用户管网末端对余氯的要求，采用加氯消毒方法，以满足再生水出水指标。

5. 生产规模及水质标准。

本示范工程生产规模为：近期经处理后脱盐水 $1×10^4 m^3/d$，不脱盐水 $1.5×10^4 m^3/d$，共计 $2.5×10^4 m^3/d$，远期经处理后脱盐水 $4×10^4 m^3/d$，不脱盐水 $1.5×10^4 m^3/d$。共计 $5.5×10^4 m^3/d$。

本工程进水水质如表 7.7 所示，出水水质如表 7.8 所示。

表 7.7　　　　　　　　　设　计　进　水　水　质

序号	项　　目	单位	水　质　指　标
1	浊度	NTU	15
2	悬浮性固体（SS）	mg/L	30
3	生化需氧量（BOD_5）	mg/L	20
4	化学需氧量（COD_{Cr}）	mg/L	100

续表

序号	项　目	单位	水　质　指　标
5	氨氮（以 N 计）	mg/L	10
6	总磷（以 P 计）	mg/L	1.0
7	氯化物	mg/L	旱季 1000，雨季 3000
8	含盐量	mg/L	旱季 2000，雨季 6000
9	温度	℃	15～25

表 7.8　　　　　　　　设 计 出 水 水 质

序号	项　目	单位	水　质　指　标
1	浊度	NTU	1.5
2	悬浮性固体（SS）	mg/L	1.5
3	色度	度	30
4	嗅味		无不快感觉
5	pH 值		6.5～9.0
6	生化需氧量（BOD_5）	mg/L	5
7	化学需氧量（COD_{Cr}）	mg/L	50
8	氨氮（以 N 计）	mg/L	10
9	总磷（以 P 计）	mg/L	1.0
10	氯化物	mg/L	20～60
11	含盐量	mg/L	80～240
12	总硬度（以 $CaCO_3$）	mg/L	450
13	阴离子合成洗涤剂	mg/L	1.0
14	铁	mg/L	0.4
15	锰	mg/L	0.1
16	游离余氯	mg/L	管网末端不小于 0.2
17	总大肠菌群	个/L	3

6. 生产运行状况

(1) 设备运行工况效果分析。

目前 10 台 108M10C 型 CMF 处理设备，2 台 RO 处理设备均已运行正常，自投产以来运转安全平稳，为保证和满足客户对再生水的要求，更好地服务于客户，在厂内进一步地加强了生产运行管理，严格遵守操作程序，强化设备的维护和保养，坚持巡视检查制度，做到有问题早发现、早解决，把设备出现故障的可能性降到最低。同时为确保较高的产水量，按照设备的操作规程及时监控各种技术参数，随时调整，并根据设备运行状况，及时进行设备化学清洗，确保正常的供水。经过逐台逐项的考察，各种设备运转达到了各项技术指标要求，系统运行正常，出水水质稳定。

(2) 自控系统的安全性和保障性。

为保证再生水生产过程的安全性、可靠性和生产的连续性，提高自动化管理水平，控制系统由 USFilter（中国）公司提供概念设计，采用目前较先进的集散型控制系统，集散型控制系统的特点是将管理层和控制层分开，管理层主要是对全厂整个生产过程进行监视；控制层（SCADA）主要是完成对主要工艺流程的自动监控和对生产过程的工艺参数进行数据采集。

工艺流程中的各检测仪表均为在线式仪表，变送器均带有数字显示装置，并向可编程序控制器（PLC）传送标准模拟数字信号。该系统正式投运以来，及时、稳定、准确地贮存和输送了工艺系统中各种技术参数，有效地保证了正常生产运行，同时也体现了该系统的稳定性和实用性。

新水源一厂的污水再生回用工程采用的与传统中水回用处理工艺有所不同，利用了当前国际上普遍采用先进的连续微滤加反渗透工艺，其中微滤工艺可以将水中包括细菌在内的大于 $0.2\mu m$ 的所有杂物去除，而反渗透工艺不仅可实现脱盐处理，还可以将分子量在 150 以上的小分子量有机物和无机物质全部去除。所以像"非典"病毒的分子量至少在数万或数 10 万以上大分子量病毒菌，完全排除在再生水源之外，因此双膜法工艺可以保证去除病毒微生物，包括人们关注的中型尺寸的病毒，即非典冠状病毒。

设有多级完整的保护在线监测报警仪表和装置，其功能除了保证设备安全运行、自身保护以外，另一重要功能是水质保证。一旦反渗透出现故障，首先泄漏的为最小原子量物质，如：氯离子和钠离子；像大分子量物质，如：非典病毒的穿透绝不可能。经新水源一厂出水水质化验检测，再生水中的平均余氯为1.00mg/L，而大肠菌群数都均未测出。

所以说无论是从技术角度还是检验结果来看，新水源一厂生产的再生水是非常安全和卫生的，并具有可靠的保障性。2003年春天面对突如其来的"非典肆虐"的打击和香港淘大花园传出"非典"病毒来自下水道，感染人群的消息后，人们对污水处理再生水产生了极大的恐惧，对再生水源的利用更是避之唯恐不及，因此造成了国内一些采用传统工艺生产再生水的单位纷纷停产或将供水管道切换成自来水供水，给中水回用的前景也带来了一些负面的影响。在开发区则与此相反，从4月中旬至今，新水源一厂生产的再生水则源源不断地流向区内各个用户，需求量不仅没有降低，反而节节上升，目前每天供水量已高达8000多 m^3。其主要的原因在于技术工艺不同于其他企业之处，关键在于其设计理念的超前性和工艺设备的可靠性，并有效地切断了病毒在再生水中（包括非典病毒）传播的可能，在突如其来的公共突发事件中经受住了严格的考验，同时也证明了双膜工艺在污水深度处理中应用的科学性和安全保障性。

（3）再生水水质验证及效果分析。

几年来的生产实践，新水源一厂再生水生产设备运行稳定，水厂出水水质如表7.9所示。从表7.9可知，出厂的再生水质指标符合于天津开发区颁布的再生水水质标准。设计进水水质标准与实际出水水质对照见表7.10，新水源一厂出水水质与其他标准水质的对比见表7.11。

表7.9　水厂反渗透出水水质标准与 RO 实际出水水质

序号	标准项目	限　值	新水源一厂 RO 实际出水
1	色度	≤15	0
2	嗅味	无不快感觉	无
3	浊度（NTU）	≤1	0.06
4	pH 值	6.0～8.0	6.32
5	总硬度（以 $CaCO_3$ 计）	≤250mg/L	6.18mg/L
6	氯化物	≤150mg/L	33.03mg/L
7	铁	≤0.3mg/L	未检出
8	锰	≤0.1mg/L	0.051mg/L
9	总溶解固体	≤350mg/L	110.4mg/L
10	硫酸盐	≤5mg/L	3.58mg/L
11	阴离子表面活性剂	≤0.3mg/L	
12	溶解氧	≥1.0mg/L	
13	电导率	≤400μs/cm	129.82
14	石油类	≤0.3mg/L	
15	氨氮（NH_3-N）	≤2.5mg/L	未检出
16	总磷（以 P 计）	≤0.5mg/L	
17	硝酸盐（以 N 计）	≤2.5mg/L	0.26mg/L
18	总有机碳	≤2.0mg/L	
19	COD_{Cr}	≤15mg/L	
20	BOD_5	≤3mg/L	
21	细菌总数	≤100 个/mL	2.25 个/mL
22	游离余氯	管网末端≥0.2mg/L	0.4mg/L
23	总大肠菌群	每 100mL 水样中不得检出	未检出
24	粪大肠菌群	每 100mL 水样中不得检出	未检出

表 7.10　　水厂设计进水水质标准与实际出水水质比较

内容/指标\项目	CMF 进水指标		CMF 出水指标		RO 出水指标	
	设计指标	实际指标	设计指标	实际指标	设计指标	实际指标
BOD_5（mg/L）	≤30		≤10			
COD_{Cr}（mg/L）	≤120	68	≤50	49		
SDI（mg/L）	≤10		≤3			
总溶解固体（mg/L）	≤2000~5500	2321	≤2000~5500	2321	≤320（去除率≥94%）	132
TOC（mg/L）					≤1	
电导率（μs/cm）		4280		4213		67
氯化物（mg/L）	1000~3200	1238	1000~3200	1233	≤160（去除率≥94%）	38
氟化物（mg/L）	≤4	2.84	≤4	2.82	≤0.05	≤0.08
浊度（NTU）	≤25	1.8	≤1.0	0.2	≤0.1	0.1
硫酸盐（mg/L）	≤90	266	≤90	256	≤5	未检出
硝酸盐（mg/L）	≤10	9.55	≤10	9.27	≤0.5	0.26
总硬度（mg/L）					≤250	
钙（mg/L）	≤270	262	≤270	256	≤15	0.211
钠（mg/L）	650~2100	647	650~2100	632	≤120	4.35
铁（mg/L）	≤0.15	0.11	≤0.15	0.07	≤0.1	未检出
大肠菌群	≤300 万个/L	310 万个/L	99.999% 去除率	6800 个/L	不可测出	未检出

表 7.11　　　新水源一厂出水水质与其他标准水质的对比

分析项目	单位	出水水质	US—EPA	WHO	中国标准
色度	度	0	15	15	≤15
浊度	NTU	0.27	≤5	≤5	≤3
嗅味	—	无异味	无异味	无异味	无异味
氯离子	mg/L	22.33	250	250	250
铁	mg/L	—	0.3	0.3	0.3
余氯	mg/L	1.05	—	—	≥0.3
总大肠菌群	个/mL	0	0	0	3
电导率	μs/cm	93.26	—	—	—
总有机碳	mg/L				
硝酸盐氮	mg/L		44.3	50	1
硫酸盐	mg/L		250	250	250
细菌总数	个/mL	0	0	0	100
溶解性总固体	mg/L	109.75	500	1000	1000

　　通过数据的比较分析，经"双膜法"处理的再生水出水水质好于各方面所颁布的标准，因此，可以广泛的回用于工业纯水制造、工业冷却水、工业工艺、园林绿化以及市政生活杂用水。

　　7. 生产成本验证

　　(1) 处理成本预测。

　　不同时期的处理成本预测结果如表 7.12 所示。

表 7.12　　　　　　　　不同时期的处理成本预测

产水量	成本价格
近期 (RO) 1.0 万 m³	生产成本：2.48 元/m³
中期 (RO) 1.0 万 m³	生产成本：1.99 元/m³
远期 (RO) 3.0 万 m³	生产成本：1.77 元/m³
近期 (CMF) 1.3 万 m³	生产成本：—
中期 (CMF) 3.0 万 m³	生产成本：0.626 元/m³
远期 (CMF) 3.5 万 m³	生产成本：0.532 元/m³

（2）实际生产的处理成本。

以 2003 年 5 月 26 日至 2006 年 6 月 25 日生产水量为基数核算，平均日产水量（RO）为 $5275.5m^3/d$；RO：$5275.5m^3/d$，成本：3.3 元/m^3（含 CMF 成本）；CMF：$11255.9m^3/d$，成本：0.706 元/m^3。

8. 主要结论

（1）新水源一厂"双膜法"工艺水厂的建成，在我国第一次完全打破了传统模式的污水深度处理工艺，其关键技术的应用大幅度地提高了再生水的品质，具有一定的超前性和先进性。从工艺设计、工艺设备选型到生产运行和管网供水均达到了预期的效果，取得了很大的成功。

（2）连续微过滤（CMF）与反渗透（RO）优化组合，工艺运行稳定，整体性安全卫生可靠，自动化程度高，结合本地区的特点具有一定的实效性和可操作性，为国内再生水企业的发展起到了很好的示范作用，为再生水今后的发展方向奠定了基础。经连续微过滤（CMF）与反渗透（RO）优化组合系统处理的再生水水质，品质优良，水中各项指标全部符合并优于开发区规定的再生水水质标准。连续微过滤设备装置简单，占地少，处理效率和自动化程度高。对水中浊度、悬浮性固体、细菌总数等指标去除效果明显，充分保证了后续反渗透系统的正常运行，这是传统常规反渗透预处理工艺无法达到的。连续微过滤与反渗透组合系统的设备投资和运行费用并不高，特别是在严重缺水的华北地区及东北地区在经济上是可行的，因而是一种高效经济的污水再生处理系统，对我国污水深度处理方法和工艺技术的研究产生深远的影响。

（3）在我国第一次将再生水应用到工业高级用户，扩展了回用途径，彻底改变了传统的回用水只能应用于厕所、园林绿化的概念，使再生水真正的发挥其应有的使用价值，在循环经济可持续发展中发挥作用。双膜法再生水处理工艺不仅在技术上处于领先水平，运行成本也是可接受的，万吨级规模时实际生产成本 2 元/t 左右，对于我国大部分地区，特别是缺水地区具有重要的示范和借鉴意义。

参考文献

[1]　亢茂德，张效林，党鑫让，等．新型膜技术理论与应用．西安：西北大学出版社，1995．

[2]　董辅祥，董欣东．城市与工业节约用水理论．北京：中国建筑工业出版社，2000．

[3]　时钧，袁权，高从堦．膜技术手册．北京：化学工业出版社，2001．

[4]　张智，阳春．城市污水回用技术．重庆建筑大学学报，2000，22（4）：103－107．

[5]　金兆丰，徐竟成．城市污水回用技术手册．北京：化学工业出版社，2004．

[6]　肖锦．城市污水处理及回用技术．北京：化学工业出版社，2002．

[7]　崔玉川，杨崇豪，张东伟．城市污水回用深度处理设施设计计算．北京：化学工业出版社，2003．

[8]　周彤．污水回用决策与技术．北京：化学工业出版社，2002．

[9]　张林生．水的深度处理与回用技术．北京：化学工业出版社，2004．

[10]　傅钢，何群彪．我国城市污水回用的技术与经济和环境可行性分析．四川环境，2004，23（1）：21－27．

第8章 中水回用

8.1 中水回用概况

"中水"起源于日本。它的定义有多种解释，在污水治理工程方面称为"再生水"，工厂方面称为"回用水"，一般以水质作为区分的标志。中水主要是指城市污水或生活污水经处理后达到一定的水质标准，可在一定范围内重复使用的非饮用水，因其水质介于清洁水（上水）与排入管道内污水（下水）之间，故取名为"中水"。

中水回用技术在国外早已应用于工程实践。美国、日本、以色列等国，厕所冲洗、园林和农田灌溉、道路保洁、洗车、城市喷泉、冷却设备补充用水等，都大量地使用中水。中水回用最典型的代表是日本。日本自20世纪60年代起就开始使用中水，至今已有40余年，较大的办公楼或者公寓大厦都有就地废水处理设备，主要用作厕所冲洗。福冈市和东京市都有规定：新建筑面积在3万m^2以上，或可回用水量在100m^3/d以上，都必须建造中水回用设施。

我国是水资源十分短缺的国家，全国669个城市中，400多个城市常年供水不足，其中有110多个城市严重缺水，日缺水量达1600万m^3，年缺水量60亿m^3，由于缺水，每年至少造成工业产值损失2000多亿元。同时由于水资源优化配置不到位，优水低用，忽视污水再生利用，造成了水资源的极大浪费。据统计，我国工业万元产值用水量平均为1000m^3，是发达国家的10～20倍；我国水重复利用率平均为40％左右，而发达国家平均为75％～85％。面对如此严峻的形势，要保证经济和社会的持续健康发展，保证水资源的可持续利用，中水回用势在必行。

国内外的实践经验表明，城市污水的再生利用是开源节流、减轻水体污染、改善生态环境、解决城市缺水的有效途径之一，不仅技术可行，而且经济合理。

8.1.1　中水利用的意义

中水利用可以节省水资源，提高水资源的综合利用率，缓解城市缺水问题，保护环境，防治污染，有利于社会、经济的可持续发展。

（1）中水利用可以有效地保护水源，减少清水的取用量。

在生产、生活中并非所有用水或用水场所都需要优质水，有些用水只需满足一定水质要求即可。生产、生活用水中约有 40％的水是与人们生活紧密接触的，如饮用、烹饪、洗浴等，这些方面对水质要求很高，必须用清洁水；还有多达 60％的水是用在工业、农业灌溉、环卫、冲洗地面和绿化等方面，这部分对水质要求不高，可用中水替代清洁水。以中水替代这部分清洁水所节省的水资源量是相当可观的。

（2）中水利用有利于水资源的综合利用，提高经济效益。

解决水缺乏问题有几种方案：跨流域调水、海水淡化、中水利用。利用中水所需的投资及年运行费用远低于长距离引水、海水淡化所需投资和费用。目前城市污水二级处理形成 40 亿 m^3 水源的投资大约在 100 亿元左右，而形成同样规模的长距离引水，则需 600 亿元左右，海水淡化则需 1000 亿元左右，可见中水回用在经济上具有明显优势。另外，城市中水利用所收取的水费可以使污水处理获得有力的财政支持，使水污染防治得到可靠的经济保障。

（3）中水利用可缓解城市缺水问题。

我国城市污水年排放量已经达到 414 亿 m^3，全国污水回用率如果平均达到 10％，年回用量可达 40 亿 m^3，是正常年份年缺水 60 亿 m^3 的 67％。通过污水回用，可解决全国城市缺水量的一多半，回用规模、回用潜力之大，足可以缓解一大批缺水城市的供水紧张状况。

（4）中水利用是保护环境、防治水污染的主要途径之一。

大量的城市污水和工业废水未经处理即排入水体，造成环境污染产生种种间接危害。世界上的一些国家，特别是发展中国家的污水灌溉工程的规模虽大，但以往污水多未经或只简单处理即予以回用，且直接灌溉粮食、蔬菜作物，造成农作物和土壤的严重污染。中水利用系统运行后，大量城市污水经处理后，应用到农业灌溉、保洁、洗车、冲厕、绿化等方面，不仅减少污水排放量，减轻水体污染，而且降低对农作物、土壤污染。

8.1.2 我国中水利用情况

我国中水利用起步较晚，1985 年北京市环境保护科学研究所在所内建成了第一项中水工程。此后，我国天津、大连、青岛、济南、深圳、西安等缺水的城市相继开展了污水回用的试验研究，有些城市已经建成或拟建一批中水回用项目。北京是我国中水回用发展较快的城市，现已拥有几十座中水设施，中水年处理能力增加到几百万立方米。大连是我国严重缺水城市之一，目前大连市日供水量仅为 77.5 万 m^3，而该城市 1850 万 m^2 的公共绿地每天浇灌一次就需要用水 33.5 万 m^3。从 2002 年起大连市用经过三级处理的污水进行绿地灌溉，该水符合 II 级水指标，而该水 $1m^3$ 成本为 0.8 元，比用地下水灌溉节省 0.2 元左右，据初步估算，使用这种经过处理过的污水进行 1850 万 m^2 公共绿地的灌溉，每天节约成本 8 万元。青岛市海泊河污水处理厂的中水回用试点项目已经启动。通过该项目，还将逐步开发青岛市另外 3 个污水处理厂的中水回用项目，并对青岛的中水管网进行总体规划，使青岛的中水供水能力由目前的日供 4 万 m^3 逐步达到日供 20 万 m^3，通过管网广泛回用于景观用水、城市绿化、道路清洁、汽车冲洗、居民冲厕及施工用水、企业设备冷却水等领域，以缓解青岛城市用水供需矛盾。济南市位居全国 40 个严重缺水城市之列，水资源形势非常严峻，已影响到城市经济、城建、生活等各个方面。为了解决缺水问题，济南市于 1988 年开始中水工程建设试点工作，先后建设了南郊宾馆、玉泉森信、济南机场、将军集团等一批中水示范项目。目前，已建成并投入使用的中水工程单位有 20 余家，日处理能力达到 1 万 m^3。南郊宾馆中水工程是 1991 年投入使用的，每年节省水费 30 多万元，现已完全收回了投资成本并有超额节支。玉泉森信是济南首家主体工程与中水工程同时设计、施工、使用的项目。中水工程有效地降低了酒店的用水量，目前酒店每季度用水量仅为 3 万 m^3 左右，不到同等规模酒店用水量的 40%。仅使用中水，玉泉森信每月便可节省开支 2 万多元，一年便节省 25 万多元。这些实践表明，城市中水回用利益巨大。我国其他一些城市，如天津、石家庄也在尝试利用中水清洗汽车或建立建筑小区的中水系统。尽管试点单位尝到了中水带来的甜头，但因种种原因，中水项目在我国一直没有得到大面积推广，中水利用的范围及规模普遍发展不快。

8.1.3 中水回用水质要求

中水回用水质必须满足以下条件：

（1）满足卫生要求，其指标主要有大肠菌群数、细菌数、余氯量、悬浮物、COD、BOD_5 等。

（2）满足人们感观要求，无不快感觉，其衡量指标主要有浊度、色度、嗅味等。

（3）满足设备构造方面的要求，即水质不易引起设备管道的严重腐蚀和结垢，其衡量指标有 pH 值、硬度、蒸发残渣、溶解性物质等。近年来，我国对中水研究越来越深入，为保证中水作为生活杂用水的安全可靠和合理利用，于 1989 年正式颁布了《生活杂用水水质标准》 （CJ 25.1—89），现用标准为 GB/T 18920—2002，见表 7.2。

8.2 中水回用技术与工艺

8.2.1 中水回用技术概述

中水因用途不同有两种处理方式：一种是将其处理到饮用水

的标准而直接回用到日常生活中，即实现水资源直接循环利用，这种处理方式适用于水资源极度缺乏的地区，但投资高，工艺复杂；另一种是将其处理到非饮用水的标准，主要用于不与人体直接接触的用水，如便器的冲洗、地面、汽车清洗、绿化浇洒以及消防等，这是通常的中水处理方式。用于水景、空调冷却等用途的中水水质标准还应有所提高。

废水处理的任务是采用必要的处理方法与处理流程，使污染物去除或回收，使废水得到净化。废水处理方法很多，按其作用原理可分为物理法、化学法、物理化学法、生物法四类。

物理法是利用物理作用分离废水中主要悬浮状态的污染物质，在处理过程中不改变物质的化学性质，如沉淀法、筛滤法、气浮法、隔油法、离心分离法等。

化学法是利用化学反应来分离或回收废水中的污染物质，或转化为无害的物质，如混凝法、中和法、氧化还原法等。

物理化学法是通过物理和化学的综合作用使废水得到净化的方法，如吸附、萃取、离子交换、膜分离、微波法等。

生物法是利用微生物的作用来去除废水溶解的和胶体状态的有机物的方法。生物法可分为好氧生物处理和厌氧生物处理两大类。包括活性污泥法、生物膜法、接触氧化法、厌氧好氧交替法、吸附再生法、间歇式活性污泥法、氧化沟工艺、生物滤池、生物转盘等。自从1914年在英国曼彻斯特建成活性污泥试验厂以来，生物技术用于污水处理方面已有近90年的历史，随着在工业生产上的广泛应用和技术上的不断革新改进，出现了多种能够适应各种条件的工艺流程，因此生物技术不仅用于污水的二级处理，而且也用于污水的深度处理。20世纪70年代，美国科学家谢弗（Sheaffer）发展了一种污水纯化后重复利用的技术，称之为谢弗污水再生和回用系统（Waste Water Reclamation and Recycle System），简称WWRR系统。该系统的主体是深度曝气池，分为上、中、下三层，属于氧化塘处理法类型，它具有费用低、污泥量少、水资源可有效利用的优点；但是，它仅适用于中小规模的污水处理系统。

自 20 世纪 80 年代后期，我国也先后在上海和广州建成了生物脱氮除磷为主的城市污水处理厂，其出水经过消毒后可部分达到市政杂用水水质要求。例如广州大坦沙污水处理厂，其工艺为 A_2/O 工艺，它由厌氧池、缺氧池和好氧池串联组成，有机污染物以及营养元素在三个生物池中得到降解和消除，再经过最后的消毒处理可达到中水水质的标准。采用此工艺不但可部分回用，也彻底消除了水体富营养化的隐患，是目前城市污水处理工艺中比较有效，而又切实可行的工艺。但是，它存在着管理要求较高的问题，如果管理不善，出水水质会趋向恶化，这就要求在设计上和运行管理上提高水平。最近科研工作者提出了地下渗滤中水回用技术，它的工作原理是：在渗滤区内，污水首先在重力作用下由布水管进入散水管，再通过散水管上的孔隙扩散到上部的砾石滤料中；然后进一步通过土壤的毛细作用扩散到砾石滤料上部的特殊土壤环境中。特殊土壤是采用一定材料配比制成的生物载体，其中含有大量具有氧化分解有机物能力的好氧和厌氧微生物。污水中的有机物在特殊土壤中被吸附、凝集并在土壤微生物的作用下得到降解；同时，污水中的氮、磷、钾等作为植物生长所需的营养物质被地表植物伸入土壤中的根系吸收利用。经过土壤和土壤微生物的吸附降解作用，以及土壤的渗滤作用，最终使进入渗滤系统的污水得到有效的净化。整个工艺流程由四部分组成：①污水收集和预处理系统：由污水集水管网、污水集水池、格栅和沉淀池等组成；②地下渗滤系统：由配水井、配水槽、配水管网、布水管网、散水管网、集水管网及渗滤集水池组成；③过滤及消毒系统：根据所需目标水质选择一定形式的过滤器、提升设备及加氯设备；④中水供水系统：由中水贮水池、中水管网及根据用户所需的供水形式选择的配套加压设备组成。它具有无需曝气系统、无需加药系统、无污泥回流系统、无剩余污泥产生的优点，所以其运行费用低，操作管理方便。经过处理后的水质在没有特别要求下，只需经过消毒即可达到冲洗厕所、浇花、景观用水、洗车等用水水质的要求。但是，其处理的规模不宜过大。

废水污染物多种多样，只用一种处理方法往往不能把所有的污染物全部除去，而是需要通过几种方法组成的处理系统或处理流程，才能达到处理要求。

中水处理技术的目的是通过必要的水处理方法，去除水中的杂质，使之符合中水回用水质标准。处理的方法应根据中水的水源和用水对象对水质的要求确定。在处理过程中，有的方法除了具有某一特定的处理效果外，往往也直接或间接地兼有其他处理效果。为了达到某一目的，往往是几种方法结合使用。

8.2.2 中水回用工艺

1. 常规工艺

一般来讲，中水处理流程因原水水质的不同而可分为如下几种：

（1）流程1：物化处理为主，适用于Ⅰ、Ⅱ类污水。

原水→格栅→调节池→混凝处理或气浮→过滤→消毒→中水。

（2）流程2：生化处理为主。适用于Ⅰ、Ⅱ类污水。

原水→格栅→调节池→一段生物处理→沉淀→过滤→消毒→中水。

（3）流程3：二段生化处理。适用于Ⅱ、Ⅲ类污水。

原水→格栅→调节池→一段生物处理→沉淀→二段生物处理→沉淀→过滤→消毒→中水。

（4）流程4：物化＋生化处理。适用于Ⅲ、Ⅳ类污水。

原水→格栅→调节池→混凝或气浮→沉淀→生物处理→沉淀→过滤→消毒→中水。

在实际应用中，需根据原水水质的情况选择合适的处理工艺路线，设计经济合理的中水回用处理系统。

2. 中水回用新工艺

(1) MBR 工艺。

膜—生物反应器工艺（MBR，Membrane Biological Reactor）是将生物处理与膜分离技术相结合而成的一种高效污水处理新工艺，近年来已经被逐步应用于城市污水和工业废水的处理，在中水回用处理中也得到了越来越广泛的应用。其优点是出水水质良好，不会产生卫生问题，感官性状佳，同时处理流程简单、占地少、运行稳定、易于管理且适应性强。

由于 MBR 工艺具备的独特优势，自 20 世纪 80 年代以来在日本等国得到了广泛应用。目前，日本已有近 100 处高楼的中水回用系统采用 MBR 处理工艺。在我国，应用此技术进行废水资源化的研究始于 1993 年，目前在中水回用的研究领域中取得了阶段性研究成果。日本某公司对 MBR 工艺的污水处理效果进行了全面研究，结果表明活性污泥—平板膜组合工艺不仅可以高效去除 BOD_5 和 COD_{Cr}，且出水中不含细菌，可直接作为中水回用。表 8.1 为日本某大楼的活性污泥—平板膜 MBR 组合工艺的设计参数。

表 8.1   日本某活性污泥—平板膜 **MBR** 组合工艺的设计参数

项　　目	设计参数	项　　目	设计参数
膜材料	聚丙烯腈	$MLSS$(mg/L)	6000～10000
截留分子量	20000	HRT(h)	1.5
操作压力(MPa)	1.96～2.94	负荷(kg/d)	0.2～0.3
膜面流速（m/s）	2～2.5	BOD_5 去除率（%）	95～99

(2) CASS 工艺。

CASS (Cyclic Activated Sludge System) 是在 SBR 的基础上发展起来的，即在 SBR 的进水端增加了一个生物选择器，实现了连续进水，间歇排水。生物选择器的设置，可以有效地抑制丝状菌的生长和繁殖，克服污泥膨胀，提高系统的运行稳定性。CASS 工艺对污染物质降解是一个时间上的推流过程，集反应、沉淀、排水于一体，是一个好氧—缺氧—厌氧交替运行的过程，具有一定的脱氮除磷效果。与传统的活性污泥法相比，CASS工艺具有建设费用低、运行费用省、有机物去除率高、出水水质好、管理简单、运行可靠、污泥产量低、性质稳定等优点。CASS工艺的设计参数包括：污泥负荷为 $0.1\sim0.2kgBOD_5/(kgMLSS\cdot d)$，污泥龄为 $15\sim30d$，水力停留时间为12h，工作周期为4h，其中曝气2.5h，沉淀0.75h，排水 $0.5\sim0.75h$。已有研究和工程实例表明，采用CASS工艺处理的中水水质稳定，优于一般传统生物处理工艺，其出水接近我国规定的相应标准。在高浓度污水的处理回用中其优越性愈加明显。在多个工程应用基础上推出的CASS＋膜过滤工艺，已经应用于装备指挥学院污水处理及回用（2000m³/d）、总参某部污水处理及回用（3000m³/d）和中华人民共和国济南海关污水处理及回用（100m³/d）等工程，取得了良好的社会效益和经济效益，为污水处理和回用提供了新的工艺。

8.3 中水回用工程实例

8.3.1 大化集团中水回用工程方案设计

大化集团是大连市用水大户，集团正常用水指标为：冬季38160m³/d，其他季节34660m³/d。近年来，集团十分重视节水工作，使实际用水量一降再降。目前用水指标为：22714m³/d，实际压缩了34.5％。要继续压缩用水指标，必须考虑中水回用问题。

1. 中水处理工艺

（1）水量及水质。

中水回用处理站源水来自大连市春柳河污水处理厂二级出水，处理能力为6000m³/d。采用二级处理，处理后的中水绝大部分用于合成氨厂循环冷却水补水（5000m³/d），其他用于化工生产和绿化（1000m³/d）。污水处理厂二级出水，即中水处理站的进水水质指标见表 8.2。

表 8.2　　　　　　　　　　　进水水质指标

分析项目	污水处理厂二级出水	一级出水	二级出水
pH 值	6.5～8.5	6.5～8.5	6.5～8
浊度（NTU）	50	5	5
总固体（mg/L）	1200	1000	150
总硬度（以 CaCO₃ 计）（mg/L）	500	450	100
总碱度（以 CaCO₃ 计）（mg/L）	500	450	100
氯离子（mg/L）	300	250	100
COD_{Cr}（mg/L）	120	30	20
BOD_5（mg/L）	40	4	4
氨氮（mg/L）	30	5	1
总磷（mg/L）	3	2	1
石油类（mg/L）	10	0.5	0.5
总铁（mg/L）	2	0.3	0.3
悬浮物（mg/L）	50	5	5
异氧菌总数（个/mL）	5×10^5	1000	1000

注　一级出水用于化工生产和绿化，二级出水用于循环冷却水补水。

（2）工艺流程。

鉴于上述水质特点，其主要处理对象是总碱度、总固体物、氯离子及 COD 等，其处理工艺流程如图 8.1 所示。

一级处理工艺采用 CASS 工艺方式，在预反应区内，有一个高负荷生物吸附过程，随后在主反应区经历一个低负荷的基质降解过程。CASS 工艺集反应、沉淀、排水为一体，微生物处于好氧—缺氧—厌氧周期性变化之中，有较好的脱氮、除磷功能。考虑到污水有机物含量低，在池中投加弹性填料给微生物提供栖身之地。

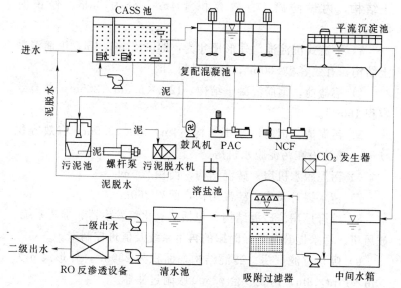

图 8.1 中水回用工艺流程

合成氨厂工艺设备是引进德国林德公司的成套设备，循环冷却水系统的水质要求较高，源水经一级处理后，其水质与循环冷却水补水水质要求相差较大，特别是 Cl^- 含量较高，Cl^- 的去除在工业化中一般不能采用化学沉淀方法和转换气态等办法，只能采用膜法处理。为此，二级处理工艺选用了 RO 反渗透装置，该工艺采用膜法脱盐，我们选用了进口复合膜，该膜既具备了复合膜的低压、高通量、高脱盐率等优点，同时又克服了传统的复合膜表面带负电的缺点，并且该膜又具备了耐污染性的特殊优点。

2. 主要处理构筑物及工艺设备

（1）主要处理构筑物。

1）CASS 生化反应池。外形尺寸为：$21m \times 10m \times 6m$，钢筋混凝土结构，有效容积 $1200m^3$，有效水深约 $5.5m$，停留时间 $4.8h$。

2）复配混凝池。外形尺寸为：$6m \times 2.5m \times 4m$，钢筋混凝

土结构，内做防腐，有效容积 104m³，分为 3 格。停留时间 10min。

3）平流式沉淀池。外形尺寸为：24m×7m×4m，钢筋混凝土结构，有效容积 500m³，停留时间 2h。

4）溶盐池。钢筋混凝土结构，12m×5.5m×2.5m，总有效容积 160m³。

5）污泥池。钢筋混凝土结构，4m×4m×3.5m，有效容积 48m³。该池设在污泥脱水机房。

6）污泥脱水机房。砖混结构，面积 200m²。

7）清水提升泵房。砖混结构，面积 260m²。

8）综合厂房。砖混结构，包括二氧化氯发生器、加药系统、鼓风机、污水提升泵、吸附罐的再生系统及值班控制室。

9）吸附过滤厂房。砖混结构，面积为 280m²，外形尺寸为 20m×14m×8m，内装 5 台 $\phi3600$ 吸附过滤器。

10）反渗透厂房：砖混结构，24m×5m×3.5m，内设反渗透本体、保安过滤器、10m³ 容积的吸水箱、高压泵、酸液罐及其酸洗泵等设备。

（2）主要工艺设备。

1）潜水混合液回流泵：3 台，高峰时同时用，$Q=100\sim150\text{m}^3/\text{h}$，$H=10\text{m}$，$N=5.5\text{kW}$。

2）潜水搅拌机：2 台，每台 7.5kW，设在 CASS 池内。

3）微孔曝气器（自闭式）：约 400 个，安装在 CASS 池内；材质，内壳 ABS，外为特种橡胶。

4）刮、吸泥机，2 套，宽 7m，功率为 3kW/台，安装在平流式沉淀池。

5）离心鼓风机：1 台工作，主要用于 CASS 池的曝气系统，$Q=16\sim20\text{m}^3/\text{min}$，$H=6\text{m}$，$N=55\text{kW}$。

6）中间加压水泵：2 用 1 备，该泵主要作用是将二沉池的出水提升后送入吸附过滤罐，以便该设备在大于或等于 2.5kg/cm² 的压力下运行，$Q=100\sim150\text{m}^3/\text{h}$，$H=35\text{m}$。

7) 加药设备：PAC 溶药及加药系统 2 套，2.5kW（包括计量泵）交替使用，NCF 溶液槽及加药系统 2 套，2.5kW（包括计量泵）交替使用。

8) 吸附过滤：采用压力过滤器，设计滤速 6～8m/h，共设 5 台，4 用 1 备，$\phi 3600 \times 6000$mm。

9) 反渗透系统：总运行功率 180kW，总装机功率 250kW 产水量 4500m³/d，产水率 75%。

10) 灭菌设备：采用化学法的二氧化氯发生器，ClO_2 投加量为 10g/m³ ［水］，6.25kg/h，选用 BD-3000 二氧化氯发生器 2 套，每套电功率 1.5kW，包括温控，投加系统及发生器。

3. 投资估算及经济技术指标

（1）投资估算。

投资构成见表 8.3。

表 8.3 投 资 构 成 单位：万元

项 目 名 称	造 价
土建工程费用	194
设备及安装费用	897
其他费用	265
总计	1356

（2）运行成本估算。

工艺处理成本构成见表 8.4。

表 8.4 工艺处理成本构成

序号	名 称		用量	单价	年成本（万元）
1	泵水水费		6000m³/d	1 元/m³	216
2	电费	一级出水	3200kW·h/d	0.45 元/(kW·h)	52.56
		二级出水	4500kW·h/d	0.45 元/(kW·h)	70.6
3	PAC 药剂费		360kg/d	2500 元/m³	32.5
4	NCF 药剂费		90kg/d	6000 元/m³	19.5

序号	名　称		用量	单价	年成本（万元）
5	食盐		0.6t/d	500 元/m³	10.8
6	二氧化氯费		60kg/d	4 元/kg	0.864
7	工资福利		10 人	1000 元/(人·月)	12
8	年运行成本	一级出水		327.364 万元/a	
		二级出水		414.664 万元/a	
9	水费	一级出水		1.52 元/m³	
		二级出水		1.92 元/m³	

（3）经济效益。

中水回用后，每年可以节约新鲜水量 220 万 m³，按大连市工业用水费 2.5 元/t 计，每年的直接经济效益为 150 万元。

（4）环境效益。

经过处理后，每年可少向环境排放污染负荷为：

$$COD_{Cr}:[(120-30)\times6000+(30-20)\times5000]$$
$$\times10^{-6}\times365=215.35(t)$$

悬浮物：$(50-5)\times6000\times10^{-6}\times365=98.55(t)$

4. 结语

该工程由大连市经委组织有关专家对该方案进行了技术评审，得到了与会专家们的普遍好评，大家一致认为该方案工艺设计合理，技术含量高。该处理站建成后，一方面可以解决水资源紧张的矛盾，给企业带来经济效益；另一方面又具有巨大的社会效益和环境效益，减少了对环境的污染，在水资源的开发利用和保护等方面具有行业示范效应。

8.3.2　北京地铁古城车辆段的中水回用工程

北京地铁古城车辆段污水处理站，经过十多年的运转大部分设备已经老化，处理能力也有所下降，出水水质不稳定且达不到排放标准，更无法满足回用的要求，为此对该污水处理站进行了改建。

（1）原水水量及出水标准。

据调查，污水处理站接纳的污（废）水有三个来源：含少量生活污水的洗车废水，水量为 $100\sim130m^3/d$；洗浴废水，水量为 $50\sim70m^3/d$；办公区生活污水，水量为 $20\sim30m^3/d$。因此确定处理站的处理能力为 $300m^3/d$。出水水质应达到《北京市中水回用水质标准》，即色度 <40 倍，$pH=6.5\sim9.0$，$SS\leqslant10mg/L$，$BOD_5\leqslant10mg/L$，$COD\leqslant50mg/L$，$LAS\leqslant2mg/L$，细菌总数 $\leqslant100$ 个/mL，总大肠菌群 $\leqslant3$ 个/L，管网末端游离余氯 $\geqslant0.2mg/L$。

（2）工艺流程原污水处理站有两套处理设施，将洗浴废水和车间含油废水分别进行处理（办公区生活污水因不能自流进入处理站而未处理），对洗浴废水的处理效果较好，但车间含油废水的处理出水水质极少能达到要求，经分析其原因是：混凝沉淀和气浮只能去除非溶解性有机物和浮油，而大部分溶解性有机物只能靠后端的活性炭吸附来去除，活性炭由于使用时间过长而失去了吸附作用，致使出水水质恶化（如定期更换新炭则处理费用太高）。因此改建时先将车间废水进行混凝沉淀、隔油、气浮处理，再与其他废（污）水混合进行生化及深度处理。工艺流程见图 8.2 所示。

1）总调节池。

采用预曝气，曝气量为 $30\sim40m^3/h$，容积为 $50m^3$，停留时间为 $4\sim5h$。

2）生化处理单元。

一级接触氧化池：利用原清水池改造而成。由于池体位于地下，所以增加中间水池及提升水泵（GW50-20-15，1 用 1 备）将处理出水提升至二级接触氧化池。该池的有效容积为 $50m^3$，水力停留时间为 4h，采用球形填料（填充比为 30%）。

二级接触氧化池：有效容积为 $25m^3$，填装半软性填料约 $21m^3$，水力停留时间为 2h，钢结构。

沉淀池：钢结构，表面负荷为 $1.5m^3/(m^2\cdot h)$，内设斜管。

3）生物炭滤池。

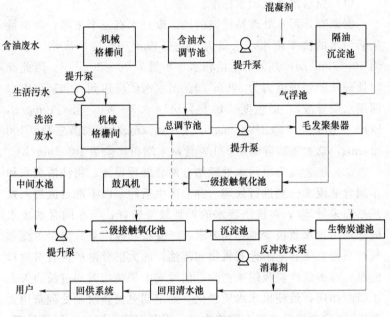

图 8.2　工艺流程

设计处理量为 $300m^3/d$，滤速为 $5m/h$，有效过滤面积为 $3.1m^2$，生物炭滤池直径为 $2.0m$、总高为 $3.0m$，其中承托层厚为 $0.3m$，炭层厚为 $1.2m$，超高取 $1.5m$。采用水反冲，冲洗强度为 $10L/(m^2 \cdot s)$，冲洗时间为 $10 \sim 15min$，反冲洗周期为 $3 \sim 5d$。采用穿孔管鼓风曝气，控制溶解氧小于 $5mg/L$（气水比为 $15:1$）。

4）回用清水池。

回用清水池利用处理站内原有的中水回供水池，池内设自来水自动补水系统，当处理系统进行检修或者发生故障时，可保证水的正常供给。

5）污泥干化池。

污泥干化池长为 $6m$、高为 $1.8m$、宽为 $2m$，池内设穿孔管集水系统，上覆级配沙石，干化污泥定期由人工清除。

（3）处理效果及经济分析。

改造工程投入运行后处理效果良好，运行结果见表 8.5，出水各项指标均达到《北京市中水回用水质标准》，可用于冲刷地铁电动客车、浇灌绿地、冲洗厕所和刷洗办公用车等。

表 8.5　　　　　　　　　　运 行 结 果

项　　目	总调节池出水	最终出水
色度（倍）	45	15
嗅味	有异味	无不快感觉
pH 值	8.5	8.47
COD(mg/L)	400	13
BOD$_5$(mg/L)	250	2
LAS(mg/L)	2.41	0.41
SS(mg/L)	79	5
细菌总数（个/mL）	6.0×10^5	0
总大肠菌群（个/L）	满视野	<3

该工程于 2003 年 7 月 11 日开工，同年 11 月 20 日竣工，总投资为 79.20 万元，年运行费用为 11.24 万元，其中人工费为 3.60 万元/a，电费为 5.184 万元/a，药费为 0.36 万元/a，日常维修费为 2.1 万元/a（按设备投资的 3％计），则处理成本为 1.04 元/m³（不含折旧）。北京市的自来水费为 3.00 元/m³，排污费为 0.80 元/m³，工程投产后按节约自来水 8 万 m³/a 计，则节约水费约 30.40 万元/a，创经济效益约 19.144 万元/a。

（4）结语。

北京是一个缺水的城市，如何做好企业的节水工作是当前城市节水的一个重要课题。北京地铁古城车辆段污水处理站改造工程既解决了污水的排放和污染问题，又达到了节约水资源的目的，还产生了一定的经济效益，被评为北京市节水型单位，为其他企业开展节水工作提供了一些可借鉴的经验。

参考文献

［1］　金兆丰，徐竟成．城市污水回用技术手册．北京：化学工业出版社，2004．

［2］　周彤．污水回用决策与技术．北京：化学工业出版社，2002．

［3］　张林生．水的深度处理与回用技术．北京：化学工业出版社，2004．

［4］　韩剑宏．中水回用技术及工程实例．北京：化学工业出版社，2004．

［5］　沈镜青，吴永廉，刘扬．北京地铁古城车辆段的中水回用工程．中国给水排水，2005，21（2）：89－90．

［6］　胡成强．大化集团中水回用工程方案设计．工业用水与废水，2002，33（1）：45－47．

［7］　Jang Peng，David K. Stevens and Xin Guo Yiang. APioneer Projet to Waste water Reuse in China. Wat. Res. 1995，29，1：357－363．

［8］　钱茜，王玉秋．我国中水回用现状及对策．再生资源研究，2003，1：27－30．

［9］　黎卫东．中水回用技术研究．广东化工，2005，2：25－26．

［10］　黄明祝，周琪，李咏梅．中水回用及展望．再生资源研究，2003，5：19－21．

［11］　Jin Fen Kuo，James F. Stahl，Ching Lin Chen，PaulV. Bohlier. Dual Role of Activated Carbon Process for Water Reuse. Water Environment Research，1998，70，2．

［12］　赵海华，程晓如．中水回用是城市污水资源化的有效途径．中国环保产业，2004，8：22－23．

［13］　庞鹏沙，董仁杰．浅议中国水资源现状与对策．水利科技与经济，2004，10（5）：267－268．

［14］　傅钢，何群彪．我国城市污水回用的技术与经济和环境可行性分析．四川环境，2004，23（1）21－27．

［15］　张智，阳春．城市污水回用技术．重庆建筑大学学报，2000，22（4）：103－107．

［16］　籍国东．我国污水资源化的现状分析与对策探讨．环境科学进展，1999，7（5）：85－95．

第9章 自动控制

9.1 自动控制技术概论

9.1.1 概述

1. 污水处理过程特点与自动化要求

污水处理自动化，是污水处理厂的污水污泥处理、介质或药剂等生产过程实现自动化的简称。为了保证污水处理的运行效率高，人们常利用自动化装置进行检测和调节。另外，污水处理厂生产过程涉及臭味、腐蚀、高温或寒冷、易燃易爆等，为改善劳动条件，保证安全生产，也应实现自动化。

2. 自动化系统的类型

自动化装置，就是指实现自动化的工具，归纳起来可以分为以下4类：

（1）自动检测装置和报警装置。

自动检测装置，在工艺过程中，可以对生产中的各个参数自动、连续地进行检测并显示出来。各种测量仪表就属于自动检测装置。只有采用了自动检测，才谈得上生产过程自动化问题。

自动报警装置是指用声光等信号自动地反映生产过程的情况及机器设备运转是否正常的情形。

（2）自动保护装置。

当生产操作不正常，有可能发生事故时，自动保护装置能自动地采取措施（连锁），防止事故的发生和扩大，保护人身和设备的安全。

（3）自动操作装置。

利用自动操作装置可以根据工艺条件和要求，自动地启动或停运某台设备，或进行交替动作。

（4）自动调节装置。

在工业过程控制中，有些工艺参数需要保持在规定的范围内，当某种干扰使工艺参数发生变化时，就由自动调节装置对生产过程施加影响，使工艺参数回复到原来的规定值上。

3. 输入输出点的基本概念

自动控制系统中的自动检测仪表的输出信号都送入了 PLC 和计算机组成的监控系统进行显示储存、打印、分析等。此外计算机控制系统还可发出信号来控制某些连续动作装置。这种连续的信号，称之为模拟量信号，通常是 4～20mA 或 1～5V DC。来自于在线检测仪表的、进入计算机系统的模拟量信号，称之为模拟量输入信号；从计算机发出的模拟量信号，称之为模拟量输出信号；通常用它控制某些调节阀门。还有另一种状态信号，如表示一台水泵的开或停、一台阀门的开或关，这种信号称之为开关量输入信号。开关量输入信号通常是从控制继电器或中间继电器的辅助点上取得，一般都是无源触点。从 PLC（或者其他控制系统）系统发出的、用于控制设备开或停的信号，称之为开关量输出信号。开关量输出信号常用来触及一个继电器，使它按照预先编制的程序对设备进行控制。

9.1.2 可编程控制器简介

1. 可编程控制器的硬件组成

可编程控制器大都采用模块式结构，它由中央处理器模板（CPU）、电源模板、输入/输出模板及其他用途的特殊模板组成，它们通常被安装在一个机架中。

（1）中央处理器模板。

中央处理器是 PLC 的核心部件。它控制 PLC 的运行和工作。它在结构上同计算机中的 CPU 相同（有些厂家的 PLC 就是采用的计算机 CPU），一般也由控制电路、运算器和寄存器组成。这些电路都集成在一个集成电路芯片上。CPU 通过地址总线、数据总线和控制总线与存储单元、输入/输出模板进行通信。

可编程控制器中的 CPU 同计算机中的 CPU 工作方式不同，它是以顺序扫描方式工作的，而计算机的 CPU 是以中断处理方式工作的。CPU 按系统程序所赋予的功能，接收并把用户程序和数据存在 RAM 中。系统上电后，它按扫描方式开始工作，从第一条用户指令开始，逐条扫描并执行，直到最后一条用户指令为止。它不停地进行周期性扫描，每扫描一次，用户程序就被执行一次。PLC 的 CPU 模板的主要技术指标如下：程序扫描时间、输入/输出（I/O）点处理能力、编程方式、存储容量、最大定时器/计数器数、通信能力。

（2）电源模板。

电源模板用来向 CPU 和输入/输出模板所在的机架提直流电源。

（3）输入/输出模板。

它是可编程控制器同现场设备进行联系的通道。来自现场的输入信号可以是开关量输入信号如按钮开关、选择开关、行程开关、限位开关或代表设备状态的继电器触点，也可以是模拟量输入信号如温度、压力、液位、流量或 pH 值、溶解氧浓度等。由 PLC 系统输出模板输出的信号可以是开关量信号去控制设备的启动或停车或触发某一报警装置，也可以是模拟量输出信号去控制调节阀或变频器等。总之，PLC 系统通过输入/输出模板来进行数据采集和对设备进行控制。

（4）其他用途的特殊模板。

许多 PLC 生产厂商都有各自的特殊用途的模板，如用于光纤通信的专用通讯模板、用于扩展 I/O 机架用的适配器模板、用于闭环回路控制的 PID 回路控制模板、ASCII 接口模板等。它们都是为了特殊用途设计的专用模板，一般同普通输入/输出模板一样安装在 I/O 机架中。

2. 可编程控制器的指令系统

尽管不同的 PLC 系统的编程语言各不相同，但是一般可以分成这样几种：梯形逻辑图（类继电器语言）、逻辑功能块图和指令式语言。美国的 PLC 基本都采用梯形图语言编程，并提供诸如逻辑功能块图方式编程。由于梯形逻辑图是类继电器语言，许多原来熟悉继电器逻辑电路的电气技术人员使用起来得心应手，很受电气技术人员的欢迎，这也是 PLC 能迅速得到推广和使用的一个重要因素。PLC 的编程工具目前可以有两种，即手持式或简易编程器和个人计算机（包括便携式计算机），既可以在线编程，又可以离线编程。

9.1.3　自动调节系统

1. 自动调节系统分类

按系统调节对象所要求调节指标的不同情况可以把自动调节系统分为以下 3 类：

（1）顺序调节系统。

又称为程序调节系统，或顺序逻辑控制。这类系统的给定值是变化的，但它是一个已知的时间函数，即工艺运行过程需按一定的时间程序来变化。

（2）定值调节系统。

又称为闭环回路系统。所谓定值，就是工艺运行中要求调节对象的某一被调节参数保持在一个恒定的指标上不变。但是，由于多方面原因，这些数值总会发生一定变化，与要求的恒定值产生偏差。为了保证被调参数近于恒定值，就需要对工艺过程加以控制，只消除偏差，使数值回到恒定值，即定值调节。

（3）随动调节系统。

又称为自动跟踪系统，这类系统的特征是，调节对象的某一参数不断发生变化，并要求系统的调节机构也不断做出相应的变化。例如，污水或污泥处理的自动投药系统，当污水或污泥种类、浓度发生变化时，系统能随时测定，并调节投药量。

2. 自动调节系统组成

自动调节系统一般包括 4 个部分：

（1）调节对象。

或简称为对象，是指生产工艺过程的装置。这些生产工艺装置需用调节的工艺参数称为被调参数，该工艺参数的设定值，称为给定值。

（2）测量元件和仪表。

是用来测定工艺装置某一工艺参数并能以某一特定信号表示和传送这一参数的测量元件和变送器。

（3）自动调节器。

自动调节器是根据变送器送来的信号，与工艺上需要的给定值加以比较，按比较结果（偏差）以设计好的运算规律算出结果，然后将此结果用特定的信号传送给执行机构。调节器是一个自动调节系统的核心部分。种类也很多。常用的调节器如DDZ—Ⅱ或DDZ—Ⅲ电动调节器，在采用可编程控制器的系统中，常用PLC中的PID指令来实现调节器的功能。

（4）调节阀。

又称执行机构或机器。它和普通阀的功能一样，只不过它能自动根据调节器传送来的信号改变阀门的开启度。按调节阀的动力形式可分为：电动调节阀、气动调节阀和液压调节阀。在污水处理厂一般以电动调节阀和气动调节阀应用较多。尤其是气动调节阀，因为结构简单、输出推动力较大、动作可靠、维修方便，适合于防火、防爆的场所，而且价格低廉，在大中型污水处理厂有广泛的应用。气动调节阀包括气动执行机构和调节机构两部分组成。

9.2　城市污水自动控制系统

随着自动控制技术和环保技术产业的不断发展，根据污水处理技术和新工艺的要求，水处理工程的自动化程度也越来越高，自控系统的完美功能、独特监控管理作用，已成为水处理行业必不可少的组成部分。应用高科技，把多种控制方式组合应用，充分发挥自控系统的快速统一调度和协调作用，既满足工艺控制要求，又保证高质量运行效果，已成为水处理工程的发展趋势。

9.2.1 城市污水自动控制系统的特点、分类及其性能指标

1. 城市污水自动控制系统的特点

与其他自动控制系统相比，水处理自动控制系统具有以下几个方面的特点。

（1）自动控制系统由一系列检测仪表组成。

包括温度、压力、水位、流量、溶解氧和 pH 计等检测仪表。

（2）被控过程多样化。

在水处理过程中，由于处理规模的不同，处理工艺要求各异，处理过程多种多样，因此被控过程中的被控对象也是多种多样的，如氧化沟、曝气池、加药设备、调节池等。

（3）控制方案十分丰富。

由于城市污水处理的工艺要求的多样性，控制方案也越来越丰富。既有单变量控制系统，也有多变量控制系统；有常规仪表控制系统，也有计算机控制系统；有提高控制品质的控制系统，也有实现特殊工艺要求的控制系统；有传统的比例微分积分（PID）控制，也有新型的自适应控制、预测控制、推理控制、模糊控制等。这些都说明水处理自动控制方案是十分丰富。

（4）定值控制是水处理自动控制的一种主要形式。

在目前城市污水处理自动控制系统中，其给定值是恒定的或保持在很小范围内变化。控制的主要目的在于如何减小或消除外界扰动对被控量的影响，使生产稳定，保证水处理的质量。因此，定值控制是水处理自动控制的一种主要形式。

2. 城市污水自动控制系统的分类

城市污水自动控制系统的分类方法一般按给定值信号进行分类，还可以按系统的功能分类。

（1）按系统的结构特点分类。

1）反馈控制系统。

反馈控制系统是根据系统被控量与给定值的偏差进行控制的，偏差值是控制的依据，最后达到减小或消除偏差的目的。反馈控制系统由被控量的反馈构成一个闭合回路，反馈控制系统是

水处理控制系统中的一种最基本的控制形式。

2）前馈控制系统。

前馈控制系统是根据扰动量的大小进行控制的，扰动是控制的依据。由于前馈控制没有被控量的反馈，因此也称为开环控制系统。

3）前馈—反馈复合控制系统。

前馈—反馈复合控制系统能及时迅速克服主要扰动对被控量的影响。反馈控制又能检查控制的效果。所以，在反馈控制系统中，构成复合控制系统，可以大大提高控制质量。

（2）按给定值信号的特点分类。

1）定值控制系统。

定值控制系统是水处理中应用最多的一种控制系统。在运行时，系统的被控量（液位、流量、pH 值、DO 等）的给定值一般来说是固定不变的，有时则根据水处理工艺要求，允许在规定的小范围内变化。

2）随动控制系统。

随动控制系统是被控量的给定值随时间任意变化的控制系统。它的主要作用是克服一切扰动，使被控量随时跟踪给定值。如：某城市污水处理系统中排海泵站水泵的控制既可以根据前池的水位进行控制，也可以根据海平面的变化进行控制。

3）顺序控制系统。

顺序控制系统是被控量的给定值按预定的时间程序变化的控制系统。在水处理自动控制系统中也是常用的控制系统之一。

（3）按系统的功能分类。

1）数据处理系统。

数据处理系统严格说来不属于控制范畴，但一个计算机自控系统离不开数据的采集和处理。数据处理系统通过检测仪表对控制过程中的大量参数进行检测，将检测结果送入计算机进行数据分析处理、计算、保存及超限报警，它不仅能对数据实时分析、绘制被测参数的动态过程曲线，而且能对历史数据进行分析，根据需要绘制被测参数的历史过程曲线。如在自动化程度要求不高的水处理工程中，水处理过程的流量、pH 值、DO 等数据经数据采集系统自动采集分析处理后，通过人工进行调节控制。

2）直接数字控制系统。

直接数字控制系统（Direct Digital Control，DDC）。是计算机通过输入通道对被控对象的参数进行检测，根据检测的参数按照一定的数学模式进行计算，并将计算结果通过输出通道输出，控制执行机构，使被控对象符合给定的要求。如曝气池 DO 的控制，是根据 DO 仪将测量到的 DO 信号与给定值进行比较，用得到的偏差值进行 PID 调节，最后实现对鼓风机的变频调速，使曝气池溶解氧控制在所要求的值上。

3）监督控制系统。

监督控制系统（Supervisory Computer Control，SCC）。是根据系统过程工艺参数和数学模型计算出最佳的工艺参数值，作为模拟调节器或数字调节器的给定值，而计算机处于离线工作方式，不直接参与过程调节，仅仅是完成最优化工况的计算、数据处理、保存等。这种控制系统在目前水处理工程的自动控制系统中很少应用。

4）分级控制系统。

由于现代计算机、通信技术和显示技术的快速发展，使计算机控制系统不仅包括控制功能，而且还包括系统优化、指挥、调度功能，具有几种监督和管理作用。分级控制系统是一个工程的大系统，它解决的不是局部的优化问题，而是总目标下的综合的工程优化、安全和管理问题。

5）集散控制系统。

集散控制系统是以微处理器为核心，实现地理上和功能上的分散控制，通过高速数据通道如工业以太网等将各个分散点的信息集中起来，进行集中的监视和操作。

3. 控制系统的性能指标

对于每一个控制系统来说，在设定值发生变化或系统受到干扰作用时，被控量应该平稳、迅速和准确地趋近或回复到设定值。因此，通常在稳定性、快速性和准确性三方面提出各种单项性能指标，并把它们组合起来。

过程控制系统的性能指标有时域和频域之分。现以时域分析为例，系统的时域性能指标，通常以阶跃作用下的过渡过程为准。见图 9.1。

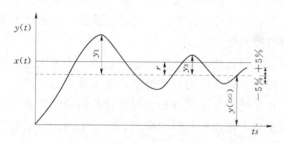

图 9.1 设定值作阶跃变化时的过渡过程的典型曲线

（1）衰减比。

衰减比是衡量一个振荡过程的衰减程度的指标，它等于两个相邻的同向波峰值之比，即衰减比为 $n = y_1 / y_3$。一般认为衰减比为 4 : 1，则系统达到稳定。

（2）最大动态偏差和超调量。

最大动态偏差是指设定值阶跃响应中，过渡过程开始后第一个峰波超过其新稳态值的幅度，即图中的 y_1。最大动态偏差占被控量稳定变化幅度的百分数称为超调量，即 $\sigma = [y_1 / y(\infty)] \times 100\%$。

（3）残余偏差。

残余偏差是指过渡过程结束，被控量新的稳态值 $y(\infty)$ 与设定值 r 之间的差值，它是控制系统稳态准确性的衡量指标，即 $e(\infty) = r - y(\infty)$。

（4）调节时间。

过渡过程要绝对地达到新的稳定值，需要无限长的时间，而要进入稳态值附近 $\pm 5\%$ 或 $\pm 2\%$ 以内区域，并保持在该区域内，需要的时间是有限的。因此，调节时间就是从扰动开始到被控量进入新的稳态值的±5%或±2%范围内的这段时间。调节时间是衡量控制系统快速性的指标。

9.2.2 目前我国污水处理厂常用的计算机自动控制系统的类型

自控设备是水处理设施安全有效运行的重要设施，自控系统类型的选择则是水处理系统高效、优化的前提条件。要根据水处理的工艺特点，优化控制机理，选择合适的与水处理工艺相适应的水处理自控系统。

目前，我国已建成和在建的城市污水处理厂已达 400 多座。从国内引进污水处理厂的自动控制系统来看，已广泛采用集散控制系统，在系统中采用了自动化程度较高的检测仪表，各种新工艺、新设备也大量出现并得到应用。表 9.1 为国内水处理自动控制系统的类型。

表 9.1 国内水处理自动控制系统的类型

控制系统	使用单位	处理工艺	系 统 结 构
SCADA 系统	北京高碑店污水处理厂	活性污泥法	Infranet ＋ Intranet ＋ Internet 结构
	西安市邓家村污水处理厂	活性污泥法	PDS 工作站、7 个 PLC 分控站、AB 公司的 RS View 软件
	上海市污水治理二期工程	排水量 $170×10^4 m^3/d$	客户机/服务机结构、34 个 GE FANUC 系列 90—30PLC、以太网冗余
DCS 系统	汕头龙珠污水处理厂	A_2/O 氧化沟	DH ＋ 网络、AB 公司 PLC5/30、RS232C
	天津东郊污水处理厂	生化处理	PC＋TSX 系列、PLC＋TEL-WSY7 网络、FIX 软件
IPC＋PLC 系统	南宁市琅东污水处理厂	活性污泥法	IBMOS2WARD 全套监控系统、PLC 分控站、MONI TOR 监控软件、以太网
	沈阳北部污水处理厂	一级强化处理	PC＋AT3、TSX 系列 PLC 分控站、TELWAY 网络

1. 数据采集与控制管理系统

数据采集与控制管理系统，简称 SCADA 系统（Supervisory Control and Data Acquisition）系统由一个主控站（MTU）和若干远程终控站（RTU）组成，两者之间用物理链路层联系。该系统联网通信功能较强。通信方式可以采用无线、微波、同轴电缆、光缆、双绞线等，检测的点数多，控制功能强。该系统侧重于监测和少量的控制，一般适用于被测点的地域分布较广的场合，如无线管网系统等。

该系统的基本特点是：

（1）组网范围大，通信方式灵活。可以实现一个城市或地区那样的较大地理分布的监测和控制。

（2）系统分为主控机（MTU）和远程终端机（RTU）两部分，RTU 的控制较固定，处理能力较小。

（3）系统的实时性较低，实行大规模和复杂的控制较为困难。

2. 集中控制系统

集中控制系统的结构形式是将现场所有的信息采集后全部输送到中心计算机或 PLC 进行处理运算后，再由中心计算机系统或 PLC 发出指令，对系统实行控制操作。系统的自控程序完全储存在一个集中的 PLC 或计算机中，构成系统的集中控制。这样构成的系统存在着如下问题：一是由于自控程序完全储存在一个 PLC 或计算机中，如果 PLC 或计算机发生故障，则自控系统完全瘫痪，因此，此系统可靠性较差；二是由于所有的信号都集中在 PLC 或计算机中，系统庞大，造成系统的传输载体量较大，对于大型自控系统来说，现场布线量很大，一方面增大线缆的投资费用，另一方面故障的几率增大。因此，该系统主要用于小型的水处理自控系统中，对于大型的水处理自控系统已越来越少了。

3. 集散控制系统

集散控制系统 DCS（Distributed Control System）是由多台

计算机和现场终端机连接而成。通过网络将现场控制站、监测站和操作管理站及工程师站联系起来，共同完成分散控制和集中操作、管理的综合控制系统。DCS 侧重于连续生产过程的控制。DCS 系统的特点是系统结构完整，回路控制能力很强，对复杂过程的控制能力突出，集散控制系统已成为水处理自动控制系统的主流。

4．IPC＋PLC 系统

该系统是用高性能工业计算机（IPC）和可编程控制器（PLC）组成的集散控制系统。可以实现 DCS 的功能，其性能已达到 DCS 的要求，而价格比 DCS 低得多，开发方便，IPC＋PLC 系统在我国水处理行业自动化中得到了广泛的应用。该系统一般设有中控室，其控制环境较好，因此，管理和操作监控站可以采用高性能的 IPC 产品，现场控制站可以根据不同的控制要求灵活配置不同性能的 PLC 产品，使系统具有很高的性能/价格比。

该系统的特点是：

（1）可以实现分级集散控制。

（2）可以实现"集中管理、分散控制"的功能，将风险分散，大大提高了系统的可靠性。

（3）组网方便，硬件系统配置简洁，很容易在网络中增减 PLC 控制器，来实现扩展网络的目的。

（4）编程容易，开发周期短，维护方便。由于应用程序采用梯形图或顺序功能图编程，编程和维护方便。

（5）系统内的配置和调整非常灵活。

（6）与工业现场信号直接相连，易于实现机电一体化。

（7）系统的分布范围不大。

5．工业控制总线系统

工业控制现场总线系统是由工业控制总线及其系列产品构成的系统，该系统的特点：

（1）具有较高的可靠性。

（2）软硬件资源丰富，由于工控机与通用个人计算机兼容，可以借助个人计算机丰富的软硬件资源。

（3）响应时间短，实时性较强。

（4）可以与不同生产厂家的产品互连，组成较复杂的系统。

（5）编程工作量大，对开发维护人员水平要求较高，开发周期长。

随着工控组态软件的不断推出及现场总线技术和智能仪表的不断发展，其应用前景广阔。同时随着网络技术的不断发展，集散控制系统、IPC＋PLC系统和工业控制总线技术相互依存，不可分割，融为一体。

9.2.3 自动化控制系统的网络传输介质

传输介质是自动化控制系统网络中连接收发双方的物理通路，也是通信中实际传送信息的载体。网络中常用的传输介质有双绞线、同轴电缆、光导纤维电缆3种。3种传输介质的特性见表9.2。

表 9.2 　　　　　　　　　　**3 种传输介质的特性**

特性 传输介质	物理特性	传输特性	连通性	地理范围	抗干扰性	价格
双绞线	双绞线由按规则螺旋结构排列的两根或四根绝缘线组成	语音信号的模拟传输，数据传输速率可9600bit/s，24条音频通道总的数据传输速率可达230kbit/s	可以用于点一点连接，也可用于多点连接	用作远程中继线时，最大距离可达15km，用于10Mbit/s局域网时，与集线器的最大距离为100m	在低频传输时，其抗干扰能力相当于同轴电缆。在10～100kHz时，其抗干扰能力低于同轴电缆	价格低

续表

特性 传输介质	物理特性	传输特性	连通性	地理范围	抗干扰性	价格
同轴电缆	由内导体、外屏蔽层、绝缘层即外部保护层组成	基带同轴电缆一般仅用于数字数据信号传输，宽带同轴电缆使用一定方法，支持多路传输	同轴电缆支持点一点连接，也支持多点连接。宽带同轴电缆可支持数千台设备的连接，基带同轴电缆可支持数百台设备的连接	基带同轴电缆最大距离限值在几千米范围内，而宽带同轴电缆最大距离可达几十千米	抗干扰能力较强	价格在双绞线与光缆之间，维修方便
光导纤维电缆	光纤是一种直径为 50～100μm 的柔软、能传导光波的介质。多条光纤组成一束就构成光纤电缆	通过内部的全反射来传输一束经过编码的光信号。传输速率可达几千 Mbit/s	点一点方式	可以在 6～8km 距离内不使用中继器，实现高速率传输	不受外界电磁干扰与噪声的影响	价格高

9.2.4　自动控制系统的软件

作为一个完整的控制系统，需要具有其他计算机控制系统那样的控制软件、人机接口软件。而组态软件是控制系统集成、运行的重要组成部分。

组态软件指一些数据采集与过程控制的专用软件，它属于自动控制系统监控层一级的软件平台和开发环境，能以灵活多样的组态方式提供良好的用户开发界面和简捷的使用方法，其预设置的各种软件模块可以非常容易地实现和完成监控层的各项功能，并能同时支持各种硬件厂家的计算机和 I/O 产品，与高可靠的工控计算机和网络系统结合，可向控制层和管理层提供软、硬件的全部接口，进行系统集成。其中监控层对下连接控制层，对上连接管理层，它不但实现对现场的实时监测与控制，且常在自动控制系统中完成上传下达、组态开发的重要作用。

组态软件主要由以下几部分组成：

（1）通信组态与控制系统组态，生成各种控制回路、通信关系，明确系统要完成的控制功能，各控制回路的组成结构，各回路采取的控制方式与策略；明确节点与节点间的通信关系。实现各现场仪表之间、现场仪表与监控计算机之间以及计算机与计算机之间的数据通信。

（2）监控软件包括实时数据采集、常规控制计算和数据处理、优化控制、逻辑控制、报警监视、报表输出和操作与参数修改。

1）实时数据采集，将现场的实时数据送入计算机，并置入实时数据库的相应位置。

2）常规控制计算与数据处理，如标准 PID、积分分离、超前滞后、比例、一阶、二阶滤波、输出限位等。

3）优化控制，在数学模型的支持下，完成监控层的各种先进控制功能，如专家系统、预测系统、人工神经网络控制和模糊控制等。

4）逻辑控制，完成如水泵的开、停车等顺序启动过程。

5）报警监视，监视水处理过程中有关参数的变化，并对信号越限进行相应的处理，如声光报警等。

6）运行参数的画面显示，带有实时数据的流程图、棒图显示、历史趋势显示等。

7）报表输出，完成水处理报表的打印输出。

8）操作与参数的修改，实现操作人员对生产过程的人工干预、修改给定值、控制参数、报警限等。

（3）维护软件。用于对现场控制系统软硬件的运行状态进行监测、故障诊断以及某些软件测试维护工具等。

（4）仿真软件。用于对控制系统的部件，如通信节点、网段、功能模块等进行仿真运行，作为对系统进行组态、调试、研究的工具。

（5）现场设备管理软件。用于对现场设备进行维护管理的工具。

其中文件管理、数据库管理也是组态软件的组成部分。

9.3 西安市邓家村污水处理厂自控系统简介

西安市邓家村污水处理厂现处理工艺为两级传统活性污泥法，处理能力 $12 \times 10^4 m^3/d$，改造后处理能力达 $16 \times 10^4 m^3/d$。污水处理：中负荷系统采用传统活性污泥法工艺（处理水量 $6 \times 10^4 m^3/d$）；深度处理系统采用 A_2/O 活性污泥法微絮凝过滤工艺（处理水量 $6 \times 10^4 m^3/d$），经加氯消毒处理后回用于工业企业及市政绿化用水；其余 $4 \times 10^4 m^3/d$ 污水经一级处理后排放。污泥处理：中负荷系统采用现状中温一级消化—机械脱水工艺，A_2/O 系统采用污泥浓缩—机械脱水工艺。该改造工程主要设备和仪表从丹麦克鲁格公司引进，改造后的污水及污泥处理工艺流程如图9.2所示。

9.3.1 自控系统的组成和结构

污水处理厂 SCADA 系统设计以集中监测、分散控制为原则，中心控制室可对全厂的各工况实现实时监控；工艺设备自动控制采用就地独立控制的原则。

1. 控制组成

对于污水处理厂 SCADA 系统出于安全生产的考虑，设计采用三级控制层：就地手动、现场监控和远程监控。就地手动是指

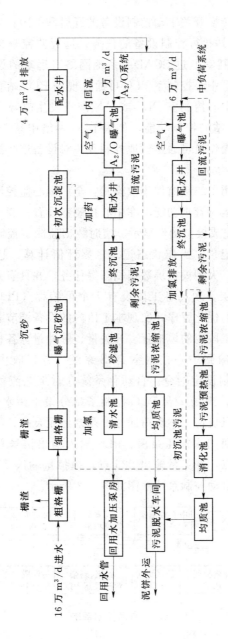

图 9.2　污水、污泥处理工艺流程

通过设备旁的转换开关手动控制设备的开启和关闭；现场监控是指由现场 PLC 站执行控制设备的任务；远程监控是指由污水处理厂的中心控制室通过 SCADA 系统网络对远端的设备进行监控。污水处理厂中心控制室 PLC 可通过现场 PLC 站直接控制有关设备。如果中心控制室 PLC 或局域网络发生故障，不会影响厂内其他 PLC 站的控制功能，如果 PLC 网络中某个 PLC 站发生故障，值班操作员可通过就地控制开关对设备进行控制。

2. 系统结构

本系统采用了二级监控集散模式：全厂中心监控层，主要实现集中监测的运行管理功能．在中心控制室设置一套"过程数据站"（PDS），完成模拟图形显示、实时数据监测、控制目标值设定、报警显示记录、操作状态记录、累计值计算、趋势曲线绘制、打印制表、大型模拟屏数据刷新等任务，并具有人为遥控功能；现场监控层，现场各工段设有 7 个可编程（PLC）控制子站，根据自身的优化程序，实现本工段内的设备调节和优化控制功能，采集本工段内的模拟量、开关量、脉冲量等各种信号，通过数据总线传输到中心控制室 PDS 系统，并接收中心控制室 PDS 系统的控制设定指令。自动化系统针对工艺流程建立了完整的信息流程，现场 7 台 PLC 控制子站分设于污水提升泵房、细格栅间、鼓风机房、中负荷回流、剩余污泥泵房、污泥脱水车间、砂滤池、回用水加压泵房。PLC 输入输出信号总量为：开关量输入 810 点，开关量输出 225 点，模拟量输入 72 点，模拟量输出 8 点。自动控制系统框图如图 9.3 所示。

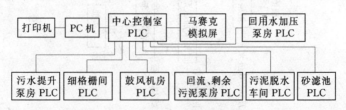

图 9.3　自动控制系统

9.3.2 系统控制功能及特征

1. 污水提升泵房 PLC 子站

主要对进水井、粗格栅间、污水提升泵房内的设备进行监测和控制。根据进水井内的液位开关打开溢流闸板；根据粗格栅前后的水位差或者时间间隔启动格栅；污水提升泵房共设有 6 台水泵（4 用 2 备），其中 2 台泵采用变频调速控制（1 台备用）。由 PLC 根据集水池液位自动调节水泵的流量，减少了电机频繁启动，另外在设计中利用 PLC 的计时、计数功能，对各泵的运行时间加以累计，然后自动切换运行泵和备用泵，使各泵的运行时间基本一致，延长泵的使用寿命。

2. 细格栅间 PLC 子站

控制对象主要有细格栅间的细格栅、螺旋输送机、曝气沉砂池鼓风机、桥式刮砂机、砂水分离器、初沉池刮泥机、排渣阀、排泥阀、初沉池排泥泵。格栅的运行依据格栅前后水位差或时间间隔来控制。只要有 1 台格栅运转，螺旋输送机就会启动并持续至格栅停止运转后一段时间。桥式刮砂机在曝气沉砂池作往复移动，按时间控制：砂水分离器与桥式刮砂机同时启动，砂水分离器运转停止迟于桥式刮砂机一段时间；2 台鼓风机 1 用 1 备，每天自动切换运行。初沉池 2 台刮泥机连续运转；排渣阀的打开是在刮泥机行进至排渣阀前一段距离时开启，然后延时一段时间关闭；2 台排泥阀间歇交替开启。初沉池排泥泵由污泥井中液位计来控制。

3. 鼓风机房 PLC 子站

4 台 315kW 离心式鼓风机各自带 1 台小型 PLC 控制器，主要用于保护风机和风量的调节，优化鼓风量，在确保氧转移效率的前提下最大可能地节省能耗，并与鼓风机房 PLC 子站交换信息。2 台风机用于 A_2/O 系统曝气池，1 台风机用于中负荷系统曝气池，另外 1 台备用。鼓风机房 PLC 子站还将接收来自鼓风机流量计及压力表的信号，在 SCADA 系统中打印、记录、累计。

4. 回流、剩余污泥泵房 PLC 子站

回流、剩余污泥泵房 PLC 子站主要控制的设备有：A_2/O 曝气池进水提升泵、搅拌器及内回流污泥泵、中负荷曝气池的搅拌器、终沉池的刮泥机及排渣阀、A_2/O 系统回流污泥泵及剩余污泥泵、中负荷系统回流污泥泵、剩余污泥泵。提升泵根据流量计、液位计信号采用变频控制，以保证 A_2/O 系统曝气池进水量恒定。曝气池中搅拌器及内回流污泥泵为连续运行。终沉池的刮泥机以及排渣阀的控制方法与初沉池相同。A_2/O 系统回流污泥泵根据流量控制，间隔 6～7min 启动 1 台泵；剩余污泥泵按时间控制，每天总的运转时间设在 SCADA 系统中，通常仅有 1 台泵在运转。中负荷回流污泥泵由污泥井中的液位计控制，污泥泵每天自动切换，通常有 2 台泵运行；剩余污泥泵由时间控制，间歇运行，备用泵自动切换。

5. 污泥脱水车间 PLC 子站

污泥脱水车间 PLC 子站控制的主要设备有：污泥均质池搅拌器及进气阀、污泥浓缩池刮泥机及排泥阀、污泥脱水机、螺旋输送器、污泥投配泵、反冲洗泵及聚合物投加装置、滤液提升泵站加药泵及搅拌器。污泥均质池搅拌器连续运行，进气阀根据污泥均质池的液位控制。污泥浓缩池刮泥机连续运行。排泥阀的控制根据污泥均质池的液位控制，间歇交替运行。污泥脱水机每台自带一小型 PLC 控制器，主要控制污泥脱水机、螺旋输送器、污泥投配泵、反冲洗泵，并与污泥脱水车间 PLC 子站相互交换信息。污泥脱水机采用变频调速控制，污泥投配泵根据流量采用变频控制。聚合物投加装置每台自带 1 台小型 PLC 控制器，主要控制加药泵及搅拌器，并与污泥脱水车间 PLC 子站相互交换信息。加药泵根据流量控制，搅拌器的运行根据时间控制。滤液提升泵根据液位控制。

6. 砂滤池 PLC 子站

砂滤池 PLC 子站主要控制的设备有：砂滤池提升泵、反冲洗泵、鼓风机、进水阀、出水阀、空气阀、反冲洗水阀。提升泵采用变频调速控制，以减少压力波对滤池的冲击。砂滤池共分12格，每格滤池每天只反冲洗 1 次，当滤池水位达到一定的液位，滤池的反冲洗过程开始反冲洗依据下述程序：进水阀关闭—出水阀关闭—空气阀打开—1 台鼓风机启动并运转 5～10min—鼓风机停止运转—大的反冲洗泵启动—反冲洗阀打开—大的反冲洗泵运转 5～7min—反冲洗阀缓慢关闭—大反冲洗泵停止—小反冲洗泵启动—反冲洗阀打开—1 台鼓风机启动并运转 3～5min—小的反冲洗泵运转 5～7min—鼓风机停止—空气阀关闭—反冲洗阀缓慢关闭—小反冲洗泵停止—滤池出水阀打开—滤池进水阀打开。

7. 回用水加压泵房 PLC 子站

回用水加压泵房 PLC 子站主要控制的设备有：回用水加压泵及加氯机。加压泵的控制根据管网压力采用变频控制，实现恒压供水。加氯机设备为成套进口设备，加压泵房 PLC 子站主要接收来自加氯机的状态信号，加氯量根据回用水余氯含量进行控制，回用水加压泵房 PLC 子站还接收来自清水池 pH 分析仪表及出水管流量计的信号，并在中心控制室集中累计、打印。

8. 中心监控层

中心监控层设于中心控制室内，主要配备 1 台 PLC，2 台奔腾 PC 计算机、2 台 20 寸（51cm）彩色显示器，2 台打印机，1台不间断电源和马赛克模拟屏。它们与各现场 PLC 站之间，通过以太网相连，实现信息交换。PC 机在 Windows 平台下运行美国 AB 公司的 RS View 软件动态显示全厂的工艺流程图，在中心控制室可实现对全厂生产过程自动化的监视和控制。系统能提供良好的人机交互界面，通过键盘和鼠标进行信息输入，并能记录操作员动作，确保操作人员对过程进行安全可靠的控制。图形系统可以根据用户需要，利用其图形工具对工艺图、动态曲线、历史趋势图及表格进行动态或静态显示。报警系统提供在过程中出现的故障、操作状态以及自动化过程中的综合信息，帮助操作人员及时发现和处理危险情况，并记录打印。报表系统可根据用户要求，将各种信息以多种可选格式周期性打印（如日报、月报、年报等）或随机性打印输出。

参考文献

[1] 卜秋平，陆少鸣，曾科. 城市污水处理厂的建设与管理. 北京：化学工业出版社，2002.

[2] 金兆丰，徐竟成. 城市污水回用技术手册. 北京：化学工业出版社，2004.

[3] 马卫卫，王社平. 西安市邓家村污水处理厂自动系统控制设计. 给水排水，2000，26（10）：76-78.

第 10 章　城市污水处理工程
调试与运行管理

由于现在的城市污水处理采用的是生化处理的方法，而几乎所有的污水生化处理模型都是建立在多次的实验基础之上，这就要求：一个完整的污水处理装置的建设工作应该是而且也必须是有建造调试，以及试运行所组成的，在调试阶段可以对设计建造中存在的工艺问题、设备质量问题以及处理能力问题进行必要的调整，为污水处理装置的正式投产积累必要的数据，为污水处理装置的运行提供详细的操作规程和考核依据。所以污水处理厂在施工完成后和实际运行前必须对工程进行竣工验收，只有在经过有关的质检部门对工程质量进行竣工验收合格后，才可以分别进入下一步的试运行阶段和正常运行阶段，这其中涉及的就是处理工程的工程调试和运行管理，这就是我们为什么要实行工程调试与运行管理的原因。

10.1　污水处理工程调试

在对污水处理厂进行正式调试之前，必须充分的做一些调试前的准备工作，这其中包括：调试方案的编写与审批，紧急预案的编写，对现场各构筑物的清理，操作人员到岗和岗位责任制的建立，对现场的设施设备情况的熟悉，对上岗操作人员的必要的岗前培训，确保各工种的协调统一检查，确保所需工器具、材料辅料和安全设施的齐全等。只有当以上这些工作全面而充分的开展完以后，才可以进行下面的正式调试。

污水处理装置的调试可以分为单体调试、联动调试和工艺调试三种，单体调试和联动调试是工艺调试的前提与基础。

10.1.1　单体调试

单体调试的主要目的就是为了检验工艺系统中的各个单体构筑物以及电器、仪表、设备、管线和分析化验室的制造、安装是否符合设计要求，同时也可以检查产品的质量。

1. 单体调试前的各项准备工作

（1）单体调试的设备已经完成了全部的安装工作，技术检验合格并且经业主和监理验收合格。

（2）建筑物和构筑物的内部以及外围应该仔细彻底地清除全部的建筑垃圾以及生活垃圾，并且确保卫生条件符合标准。

（3）为了确保供电线路以及上下水管道的安全性和可靠性的要求，必须检查各类电气的性能以及上下水管道、阀门和卫生洁具的性能。

（4）确保设备本身应该具备试运行的条件，设备应该保持清洁，以及足够的润滑剂和其他的外部条件。

（5）参加试车的人员必须熟读相关设备的有关材料，熟悉设备的机械电器性能，做好单体试车的各项技术准备。

（6）土建工程以及设备安装工程均应该由施工单位以及质检单位做好验收的各类表格，以便验收时的填写。

（7）相关的图纸以及验收的标准应该提前准备好以便验收时的查阅。

（8）设备的单体试车应该通知生产厂家或者是设备的供货商到场，当然国外的引进设备也应该有国外的相关人员到场并在其指导下进行。

2. 单体调试的检查项目

（1）数据的检查。

数据的检查应该注意各项隐蔽工程数据是否齐全，各类连接管道的规格型号，材料的质量是否有记录，防腐工程的验收记录和主体设备的验收表格和记录等。

（2）实测检查。

实测检查主要是检查设备的安装位置与施工图是否相同以及安装的公差是否符合要求。

（3）性能测试。

性能的测试必须依据有关的设备性能要求进行。

（4）外观检查。

外观检查是许多工程技术人员忽视的项目，外观检查主要是检查设备的外观有没有生锈，油漆的脱落，有无划痕以及撞痕等。

3. 设备单体调试的步骤

（1）预处理系统的单体调试，其主要的检查项目是粗格栅、皮带输送机、细格栅、潜污泵和沉砂设备。

（2）生化系统的单体调试。

主要检查的设备有各种反应构筑物（视不同的生化处理方法的不同而相异）和鼓风机房鼓风机、鼓风机房电、手动阀门、止回阀和排空阀等一系列设备，具体可以参考《污水处理厂操作规程》的有关要求进行。

（3）污泥处理系统的单体调试。

主要的检查项目包括污泥脱水机房，污泥浓缩池，均质池等，具体的操作程序还是依据相关的规程进行。

（4）厂区工艺进出水管线以及配水井的单体调试。

厂区工艺进出水管线包括各类配水井、进水管道、出水管道、总出水井、反冲洗管道以及相应的压力井等。管道、检查井以及各类配水井的调试依据相关规程进行。

（5）仪表和自控系统的单体调试。

由于自控系统的模拟试车和负荷试车必须在设备的正常运转下进行，为了节约调试时间，自控系统的单体调试可以与生化系统调试同时进行。

（6）辅助生产设施的单体调试。

除了工艺、动力和仪表自控系统，辅助生产设施主要包括锅炉房、汽车库、消防泵房、机修间和浴室等。这些除了消防泵房和锅炉房的设备需要进行单体调试之外，还需要对机修间和泵房内的电葫芦进行安全性能的检查，其余的进行土建工程的初步验收。

（7）化验室设备的初步验收。

验收的主要设备有电子分析天平、电子精密天平、分光光度计、显微镜、便携式有害气体分析仪和便携式溶解氧仪。化验设备是否好用以及分析误差大小最终应该由计量部门来确定，如果发现问题应该及早地与供货商取得联系，以便及时更换新的设备。

本阶段主要检查的是施工安装是否符合设计工艺要求，是否满足操作和维修要求，是否满足安全生产和劳动防护的要求。譬如：管道是否畅通，设备叶轮是否磕碰缠绕，格栅能否升降，电气设备是否可以连续工作运行，仪表控制是否接通、能否正确显示等。

10.1.2　联动调试

在对污水处理厂完成了单体调试的内容之后，紧接着就应该对污水处理厂进行清（污）水的联动调试。联动试车的目的是为了进一步考核设备的机械性能和设备的安装质量。并检查设备、电气、仪表、自控在联动条件下的工况，能否满足工艺连续运行的要求，实验设施系统过水能力是否达到设计要求。一般来说，联动试车要经过 72h 的考核。可以先进行清水联动试车，后进行污水联动试车。清水联动试车后，有问题的设备经过检修和更换合格后再进行污水联动试车。

1. 联动试车的准备工作

参与调试者必须仔细认真地阅读下列的文件数据并检查所准备的工作。

（1）由所有选用的机械设备、控制电器以及备件的生产、制造、安装使用文件组成的设备手册，包括其中的技术参数和测试指标。

（2）运行、维护的操作手册。

（3）所有污水处理装置的设计文件以及前一阶段的验收文档。

（4）相关设备的安装工程和选用设备的国家规范和标准。

（5）各设备区域调试合格，并且通过验收。

（6）所有的管渠都进行了清水通水试验，畅通无阻。

（7）供电系统经过负载实验达到设计要求，能保证安全可靠，系统正常。

（8）污水处理工艺程序自动控制系统已经进行了调试，基本具备稳定运行的条件。

（9）已经落实了污泥的处理方案；调试所需的物资和消耗品已经到位。

（10）由于调试期间化验项目比较多，并且有化验室新增分析仪器，仪表设备以及化验人员的必要培训以适应新的水质、污泥性能和大气污染物指标的测定，所以参与调试的各重要岗位操作人员必须已经经过培训，熟悉操作规程，以便使得调试工作交接顺利。

（11）安全防护设施已经落实，能保证系统正常运行和确保操作人员的安全。

2. 联动试车的内容

联动试车分两部分进行。先进行构筑物内有联动关联的设备的区域调试，通过后再进行全厂设备的联动调试。具体来说：

（1）粗格栅和进水泵房。

当污水流进进水粗格栅和进水泵房之前，可以根据流量液位控制开停粗格栅的台数，逐台检查粗格栅的各项功能，检查皮带输送机输送栅渣的情况，完成粗格栅，皮带输送机，阀门的联动试车。当水位达到水泵的启动水位，可以轮换启动潜污泵，检查泵的启动、停止功能和运行状况，并通过泵的出水口堰上水深粗略估算泵的提升能力。

（2）细格栅。

调试方案与粗格栅相同，检查除污机的除污能力。

（3）旋流沉砂池。

清水联动试车，分别在手动和自动条件下启动搅拌桨、鼓风机、提砂系统和砂水分离系统运转，并检查设备的各项功能、污水联动试车：在有污水流经的情况下，观察沉砂池的沉砂效果，从而可以测定每天的除砂量。

（4）水解酸化池。

水解酸化池的联动试车主要是对配水井的出水堰水平和配水管的均匀性进行考察，在清水连动试车的过程中，必须保证所有的出水堰水平调整，进水后观察配水的均匀性是否达到设计的要求。

（5）鼓风机房。

在生化处理核心构筑物（如曝气池，滤池等）的试车之前，完成鼓风机的联动试车，检查设备的各项功能。

（6）曝气生物滤池。

曝气生物滤池在联动试车阶段主要是对生物滤池内的曝气的均匀性、布水的均匀性、滤料的性能、反冲洗效果进行考察、当水流入滤池后，启动风机房的配套风机，逐个检查滤池布水，曝气的均匀性；清洗滤料，利用清水联动试车的水源，启动反冲洗操作，逐个清洗滤池中的滤料，清洗至出水清澈时为止，观察滤料的跑料情况。

同样的，曝气池的联动试车也有诸多的相似之处。但必须注意在对主要的工艺设备进行工况考核时，设备带负荷连续试运行时间一般要求大于 24h，对于设备存在故障或者问题，必须及时地报送施工监理单位和设备承包商，提请整改和维修。

（7）污泥处理系统的联动试车。

包括水解酸化池排泥、污泥均质池液位、污泥脱水机等的联动试车。联动过程中注意检查各设备、阀门联动的反应情况，观察各个过程的衔接情况，注意风机停止后有无回水的情况。

（8）辅助生产系统。

辅助生产系统在联动试车阶段应该配合试车做好各项工作。

（9）工艺运行控制试车。

在联动试车的基础上，可以进行工艺运行试车。一般来说，进行工艺运行试车要具备以下一些前提条件，如：各用电设备的联动试车已经基本完成，包括需要检修的，试车的设备已经完成；电气系统各 MCC 的连接试车已完成；控制分析仪表已经完成等。值得注意的是，工艺运行的试车应该在各个供货商提供的工艺运行软件的基础上调试，这其中包括：进水泵房污水提升泵运行模式的调试；剩余污泥系统运行模式的调试和曝气池（曝气生物滤池）的运行模式调试。

10.1.3 生化系统的试车

生化系统的试车是污水处理厂调试的重要步骤，也是污水处理厂前面进行的单体试车和联动试车的目的。一般地，由于现行的城市污水处理厂的工艺一般采用的是活性污泥法或生物膜法，理所当然地，污水处理厂的工艺试车就是生物膜处理系统的试车或活性污泥法处理系统的试车。下面分别概述之。

1. 活性污泥法处理系统的试车

活性污泥处理系统投运前，首先要进行活性污泥的培养驯化，为微生物的生长提供一定的生长繁殖条件，使其在数量上慢慢增长，并达到最后处理生活污水所需的污泥浓度。活性污泥的培养是整个调试工作的重点，关系到最终的出水达标问题，活性污泥培养的基本前提是进水流量不小于构筑物设计能力的 30%。污泥的培养一般采用同步培养法和浓缩污泥培养法两种方式。同步培养法是直接用本厂污水培养所需的活性污泥，浓缩污泥培养法是利用其他污水处理装置的浓缩污泥进行接种培养。

生物处理系统在运行时，所产生的正常的活性污泥应该是沉降性能好、生物活性高、有机质含量多、污泥沉降比大和污泥的容积指数在 80～200 之间。但是污水生物处理系统常常会因进水水质、水量和运行参数的变化而出现异常情况，从而导致污水处理效率降低，有时甚至损坏处理设备。一般来说，污泥在水厂运行过程中容易发生的异常情况是污泥膨胀、污泥解体、污泥腐化、污泥脱氮即污泥的反硝化，有时候还会产生一些泡沫，这其中涉及的一些重要的工程上的概念如污泥浓度、水力停留时间、有机物的单位负荷、污泥的回流比等都是影响污泥生物性能的十分重要的因素，一般是通过对这些因素的控制进而来控制污泥的性质和状态。同样的，活性污泥中的指示性生物也可以作为我们对污泥进行管理的一个重要的途径。污泥中的生物相在一定的程度上可以反映出曝气系统的处理质量和运行状况，当环境条件（如进水浓度及营养、pH 值、有毒物质、溶解氧、温度等）变化时，在生物相上也会有所反映。可以通过对活性污泥中微生物的这些变化，及时发现异常现象和存在问题，并以此来指导运行管理，所以，对生物相的观察已经日益受到人们的重视，而各种微生物的性状可以参见《环境工程微生物学》等书籍。针对可能出现的上述这些问题我们必须根据相关的污泥管理手册相对应尽快加以解决，以免问题严重化、复杂化。了解常见的异常现象及其常用对策，可以使得我们及时地发现问题、分析问题和解决问题。

2. 生物膜法处理系统的试车

生物膜法处理系统作为与活性污泥法并列的一种污水好氧生物处理技术。这种处理法的实质就是使微生物和微型动物（如原生动物、后生动物）附着在滤料或者是一些载体上生长繁殖，并在其上形成膜状生物污泥，也就是所谓的生物膜。在污水与生物膜接触过程中，污水中的各种各样的有机污染物作为营养物质，为生物膜上的微生物所摄取，从而污水也得到净化，微生物自身也得到生长繁殖。生物滤池的生物膜培养可以采用直接挂膜法进行培养。具体方法如下：首先将污水依次经过粗格栅、细格栅、沉砂池等预处理后引入水解酸化池，由水解酸化池直接进入生物滤池进行培养。开始时的进水流量采用设计流量的 1/4 进行进水，实行连续进水，待池中滤料上可以观察到明显的生物膜时，并通过显微镜发现生物相已经成熟后，此时可以加大进水流量，继续培养微生物，由于新生生物膜较轻，为了不发生新生生物膜的脱落情况，加大进水流量必须采用逐步加大的方法进行。同时为了保持滤料上的生物膜新鲜而有活力，在进水后的一周，必须对滤池进行反冲洗，以后根据进水情况逐步缩小反冲洗的时间间隔，直至达到设计的要求。

在微生物的培养阶段必须要求化验室跟班采样分析，采样频率和次数根据调试的要求进行。一般来说，成熟的好氧活性污泥中含有大量新鲜的菌胶团、固着性原生动物和后生动物。

3. 评价

根据上述调试过程中得到的各种信息，加以整理分析，然后对污水处理装置运行要有一个基本的评价，对于运行中出现的基本问题，提出改进意见和对策，作为调试期间的总结和报告，并且进入试运行阶段。在试运行的阶段中，主要考察的是出水水质、污泥容积负荷是否达到设计要求。根据实际污泥负荷来调整参数，要求自控系统切入，并且调整控制参数，初步分析运行单耗以及运行直接成本。

（1）水质分析项目以及其频率见表 10.1，值得注意的是要针对不同废水的水质分析项目进行调整。

表 10.1   水质分析项目及频率

分析项目	进水	好氧生化反应器	出水	分析频率
COD_{Cr}	√		√	5 次/周
BOD_5	√		√	3 次/周
SS/VSS	√	√	√	5 次/周
pH 值	√		√	5 次/周
TKN	√		√	2 次/周
$NH_4^+—N$			√	5 次/周
$NO_2^-—N$			√	2 次/周
$NO_3^-—N$			√	2 次/周
TP	√		√	2 次/周
SV30		√		7 次/周
碱度			√	1 次/周

注　水质分析数据以 COD，$NO_3^-—N$ 为主，其有效数据不应该少于 40 组。

（2）化验室的分析工作。

在污水处理厂的工艺调试中，化验室的分析工作起着不可替代的作用，化验室的分析结果是下一步进行工艺调试的基础和依据。一般地，分析工作流程按照下列程序开展：①确定所要分析的项目；②选定各个分析项目所采用的分析方法，一般在国家环保局规定方法和行业分析标准方法中选取针对该分析项目最适宜的分析方法；③依据所选用的分析方法，检查所要涉及的实验仪器、设备和器皿药剂是否齐备；④所要用到的天平必须已经经过计量所的检验，量器如移液管应该要用已经有计量所检验过的天平校验，不合格者严禁进入实验过程；⑤确保各种仪器设备的正常工作；⑥根据实验所需配制各种标准溶液；外购或者是自制标准样测定；⑦制定各种操作规程和安全生产规程。如：水样的采集，各种实验原始数据的记录，分析使用样品的保存，器皿的清洗和中控室对生产装置在线仪表校核标定工作等。

（3）运行数据的统计。

运行数据的统计也是试运行中的一个十分关键的项目。是对水厂的整个经济效益、技术效益和社会效益评价的基础和依据。通过对水、电、药剂消耗的统计，可以初步分析污水处理（包括污泥脱水）直接成本，得到的结果如果与国内同类型废水进行比较相差不大甚至是十分接近时，则说明污水处理厂的运行及各个方面基本符合生产实际；如果出现较大的差异时，应该及时的分析原因，找出是进水水质还是管理、工艺或者其他方面的因素，以此提高运行管理水平。

1）药耗。

药耗的初步测算与设计值的对比可以参考表 10.2 进行。

表 10.2　　　　药　耗　对　比

项　　目	水量/(万 m³/d)	PAM 投加量（t/a）	产泥率（m³/d）
设计值			
实际值			

2）电耗。

电耗的初步测算与设计值的对比可以参考表 10.3 进行。

表 10.3　　　　　　　　电　耗　对　比

水量 （万 m³/d）	运行时间 （h）	实际日均 电耗量 （kW·h/d）	实际平均单 耗量（kW·h/ m³ 废水）	设计日均 电耗量 （kW·h/d）	设计单耗量 （kW·h/ m³ 废水）

10.2　污水处理工艺运行与管理

　　污水处理工艺的运行管理是和污水处理工艺的调试一样，是污水处理厂正常运行的一个十分重要的环节。下面就城市污水处理厂的工艺运行管理作一般系统性的概述，主要介绍污水处理厂各处理单元的运行管理。掌握并运用污水处理运行工艺的一般内容对一个城市水务工作者来说是非常重要的。

10.2.1　格栅间的运行与管理

　　1. 过栅流速的控制

　　合理地控制过栅流速，使格栅能够最大程度地发挥拦截作用，保持最高的拦截效率。一般来说，污水过栅越缓慢，拦污效果越好。污水在格栅前管道流速一般应该控制在 0.4～0.8m/s 之间；过栅流速应该控制在 0.6～1.0m/s 之间。当然具体的控制指标，应该视处理厂调试运营后来水污染物的组成、含砂量等实际情况确定，所以运行人员应该在运转实践中摸索出本厂最佳的过栅流速控制范围，以便发挥格栅间最大的经济效益。

　　2. 栅渣的清除

　　及时地清理栅渣，保证过栅流速控制在合理的范围之内。所以操作人员应该及时地将每一格栅上的栅渣及时清除，值班人员都应该经常到现场巡检，观察格栅上的栅渣积累情况，并估计栅前后液位是否超过最大值，做到及时清污。对于超负荷运转的格栅间，尤其应该加强巡检。值班人员应该及时的摸索总结这些规律，以提高工作效率。

3．定期检查管道的沉砂

格栅前后管道内的沉砂与流速有关外，还与管道底部水流面的坡度和粗糙度有关，应定期检查管道的沉砂情况，及时地清砂和排除积砂。

4．格栅除污机的维护与管理

格栅除污机是城市污水处理厂最容易发生故障的设备之一，巡查时应注意有无异常声音，栅耙是否卡塞，栅条是否变形，并应定期加油保养。

5．分析测量与记录

值班人员记录每天产生的栅渣量，根据栅渣量的变化，间接判断格栅的拦污效率。当栅渣比历史记录减少时，应该分析格栅是否运行正常。

6．卫生与安全

由于污水在运输途中的极易腐败性，产生大量的硫化氢以及甲硫醇等一系列的有毒有害还有恶臭气体，所以针对于建在室内的格栅间必须采取强制通风措施，在夏季应该保证每小时换气 10 次以上，如果有必要时，也可以在上游主干线内采取一些简易的通风或者曝气措施，降低格栅间的恶臭强度，这样做，一方面可以维护值班人员的身体健康；另一方面也可以减轻硫化氢对机器设备的腐蚀作用。此外，对于清除所得到的栅渣应该及时的运走并加以处置。

10.2.2　进水泵房的运行与管理

1．集水井

污水进入集水井后的流速变得缓慢，因而会产生沉砂现象，使得水井的有效容积减小，从而影响水泵的正常工作，所以集水井要根据具体的情况定期清理，但是在清池的过程中，最重要的是人身安全问题。由于污水中的有毒气体以及可燃性气体会严重的危及工作人员的人身安全。所以在清池时，必须严格按照下列步骤操作：先停止进水，用泵排空池内存水，然后是强制通风，最后才能下池工作，此外由于有毒有害气体的连续不断地放出，所以工作人员在池下的工作时长不宜超过 30min。

2．泵组的运行和调度

泵组在运行和调度时应该遵循下列几个原则：保证来水量与抽升量的一致，不能使水泵处于干运转状态亦或是被淹没；为了降低泵的扬程所以应该保持集水池的高水位运行；为了不至于损坏机器，尽可能地减少开停机的次数；最后就是应该保证每台机器的使用率基本相等，不要使得一些机器长期处于运转状态而另外一些机器始终搁置不用，这样对两方面的机器都没有益处。因此，运行人员应该结合本原则和本厂的实际，不断地总结，摸索经验，力争找到最适合本厂实际的泵组运行调度方案。

10.2.3　沉砂池的运行与管理

在现在的城市污水处理厂中，使用比较多的是曝气沉砂池和旋流沉砂池。日常管理维护主要是控制沉砂池的流速、搅拌器的转速，为了沉砂池的浮渣不产生臭气，影响美观，所以必须定期清除。操作人员要对沉砂池作连续测量并记录每天的除砂量，并且据此来对沉砂池的沉砂效果作出评价，并应该及时回馈到运行调度中。

10.2.4　水解酸化池的运行与管理

水解酸化池的启动，实质就是反应器中的缺氧或者是兼氧微生物的培养与驯化过程，其工程意义十分重大。一般地，在适宜的温度下，水解酸化池的启动大约需要 4 周左右的时间。下面概述酸化池启动的相关规程。

1．污泥的接种

污泥的接种就是向水解酸化池中接入厌氧、缺氧或者是好氧的微生物菌种。之所以这样做是为了大大节约污泥培养以及驯化所需要的时间。接种的污泥可以是下水道、化粪池、河道亦或者是水塘以及其他相类似性质的污水处理厂的污泥。在微生物的接种过程中，接种物必须符合一定的要求，例如，所接入的微生物或者是污泥必须具有足够的代谢活性；接种物所含的微生物数量和种类应该较多，并且要保证各种微生物的比例应该协调；接种物内必须含有适应于一定的污水水质特征的微生物种群以利于所需微生物的大量培养驯化；关于接种微生物，理论上可以通过纯种培养获得，但是这样目前而言尚有一些难度，实践中一般采用的是自然或者是人工富集的污泥来实现。

采集接种污泥时，应注意选用生物活性高的、有机物的含量比例较大的样本，为了使得样本更适合于做接种物，在实际应用之前应该去除其中夹带的大颗粒固体和漂浮杂物。关于接种量多少的确定应该依据所要处理对象的水质特征，接种污泥的水质特征，接种污泥的性能启动运行条件和水解酸化池的容积来决定。一般来说，污泥的接种量越大则反应器启动所需要的时间也就越短，所以在工程实际中，一般采用后续方法来控制接种污泥量的大小，若按照水解酸化池的容积计，一般将接种污泥量的容积控制在酸化池容积的 $10\%\sim30\%$ 之间。如果是按照接种后的混合液 VSS 来计算，接种污泥量一般控制在 $5\sim10\mathrm{kgVSS/m^3}$ 之间，当然，具体地接种多少有时候还需要视本水厂的实际情况而定，操作人员应该注意在平时的实践中及时的摸索，总结实际的运行经验。

污泥接种的部位一般是在水解酸化池的底部，这样可以有效地避免接种污泥在启动和运行时被水流冲走。

2. 水解酸化池启动的基本方式

采取间歇运行的方式，当反应器中的接种污泥投足后，控制污水废水，使其分批进料。待每批污水进入后，使反应装置在静止状态下进行缺氧代谢，当然亦可以采用回流的方式进行循环搅拌，使得接种的污泥和新增殖的污泥暂时聚集，或者是附着于填料表面，而不能随水分流失，经过一段时间的厌氧反应之后（具体所需的时间视所处理的污水水质和接种污泥的浓度而定），则污水中的大部分有机物被分解，此时可以进行第二批的污水进水了。采取间歇运行的方式时，要逐步提高水解酸化池进水的浓度或者是污水的比例，同时逐步缩短厌氧代谢的时间，直到最后完全适应污水的水质并达到水解池连续运行的目的。

3. 影响水解酸化池启动所需的时间及效果的因素

在实际的工程运行中，除了接种污泥以外，污水的水质特征、有机物质负荷和有毒污染物质、环境条件、填料种类和回流比等都可以影响。下面分别述之：

（1）污水性质。

一般来说，污水中的有机污染物的组成以及浓度、pH 值、营养物质都可以对其启动产生影响。浓度合适的 C、N、P 等营养、均衡的 pH 值显中性或者是略碱性的污水可以为水解酸化池的启动提供有利的条件，缩短启动所需的时间。

（2）水解酸化池的有机物质负荷。

该因素可以视作影响水解池启动的关键因素。在启动过程中，如果有机物质的负荷过大的话，则会导致挥发性的有机酸过量积累，从而导致消化液的 pH 值下降过度就会使启动停滞甚至是破坏；反之，如果有机物质的负荷过小的话，就会抑制微生物的增殖速率，进而会导致酸化池的启动时间过长。

综上，可以看出，控制好有机物的负荷，对于缩短启动的时长，提高启动的成功率以及系统的运行效率，减少因为要重复启动所造成的运行费用具有十分重要的意义。

（3）酸化池出水的回流。

在工程实际中，缺氧反应器的出水必须以一定的比例回流，这样做可以回收部分的流失污泥以及出水中的缓冲物质，从而可以平衡反应器中水的 pH 值，有利于加速微生物的富集，缩短启动所需的时间，因此，在启动过程中是否需要回流以及回流的比例是多大对酸化池的启动十分关键。

（4）水温。

水温也是影响水解酸化池启动的重要因素。因为水解池的启动实际上是一个微生物的培养驯化过程，而温度直接影响微生物代谢和增殖速率，影响微生物的生物活性也既影响微生物的有机负荷能力。所以温度的降低会使得启动所需要的时间延长，此外，水温还可以影响微生物黏附成团的速率。当然，温度也并不是越高越好。

（5）常见的一些其他影响因素。

水力负荷对启动过程亦有一定的影响，水力负荷过高，会造成接种污泥的大量流失，当然如果水力负荷过低的话，又不利于对微生物的筛选。所以在实际的启动操作中，初期选用的是比较低的水力负荷，待运行数周后，再递增水力负荷并维持平稳。对于悬浮型水解缺氧反应装置，可以通过适量地投加无烟煤，微小砂粒或者絮凝剂，促使污泥颗粒化；对于填料型水解缺氧反应器，填料的附着性能会影响污泥挂膜的快慢，因而影响启动的时间。

4. 常见启动故障的排除

在启动的过程中，常遇到的故障是由于水解酸化池的超负荷地运行导致的消化液挥发性脂肪酸浓度的上升和 pH 值的下降，从而使得厌氧反应减慢甚至停止，也就是我们通常所说的"酸败"。解决的方法首先就是停止进料以降低负荷，待 pH 值恢复正常后，再以较低的负荷开始进料。在极端的情况下，pH 值大大下降，必须外加中和剂；当负荷失控十分严重，临时的调整措施无效时，就只得重新投泥，重新进水启动了。

5. 水解酸化池运行中应该注意的问题

（1）保持水解酸化池排泥系统的畅通，如果发生排泥不畅或者是淤堵现象，应安排人员及时疏通；污泥的排放采用定时排泥，日排泥次数控制在 1～2 次。

（2）保持水解酸化池污泥区泥床高度基本恒定和污泥区有较高的污泥浓度。

（3）根据污泥液面检测仪和污泥面高度确定排泥时间。

（4）由于反应器底部可能会积累颗粒和细小砂粒，应间隔一段时间从下面排泥，从而可以避免或者是减少在反应器内积累的砂粒。

（5）严格控制水解酸化池出水悬浮物 SS 含量，使得悬浮物 SS 含量小于 100mg/L。具体可以采用如下所示的方法加以控制：

1）及时地清除水解酸化池液面的浮泥，不使浮泥带入下级构筑物。

2）必须严格地保证水解酸化池的进水进料的均匀性，定期检查浮渣挡板和水解酸化池清水区斜板运行状况，出现问题时及时的加以解决。

3）不能使滤池的反冲洗过于频繁，以防止生物流失和运行成本的增加。

4）当遭遇恶劣天气如暴雨暴雪时，必须严格地控制水厂的进水水量，并加强整个水厂的维护次数。

10.2.5　活性污泥法处理系统运行的异常情况及其处理对策

采用活性污泥法处理系统运行的城市污水处理厂，普遍存在着：适宜处理的污水的类型广泛，污水处理厂的运行成本低，污水处理的效果好等一系列优点；当然由于活性污泥法处理系统本身的特点和性质要求，污水处理厂必须加强日常运行的管理和维护，防止污水处理厂运行时的各种异常情况的发生，一旦发现有异常问题时必须及时的加以解决，以免造成污水处理厂处理效率的降低甚至是整个污水处理系统的破坏。因此，掌握一些常见的污水处理运行异常情况及其处理对策是非常必要的。

1. 污泥的膨胀

污泥膨胀的主要表现为污泥的沉降性能下降，含水率上升，体积膨胀，澄清液减少等一系列的与正常的活性污泥的性能不同的现象。引起污泥膨胀的原因有多种，丝状菌的过量繁殖，真菌的过量繁殖，还有可能就是污泥中所含的结合水异常增多。此外，污水中 C、N、P 等营养元素的不平衡，水中的 DO 不足，混合液的 pH 值过低，水温过高，污泥的有机负荷或者是水力负荷过大，污泥龄过长或者是混合液中有机物的浓度梯度过小都会引起污泥的膨胀，还有曝气池排泥的不畅则可能会导致结合水性的污泥膨胀。

由此可见，由于污泥膨胀事故的复杂性，所以为了防止污泥的膨胀，必须首先弄清导致污泥膨胀的具体原因，然后再采取相应的有针对性的处理措施加以解决。

2. 污泥的解体

污泥的解体和污泥的膨胀是两个不同的概念。污泥的膨胀不会导致处理水的水质变差，也就是曝气池上清液的清澈度，只是会由于沉降性能不好而影响曝气池的出水水质。而污泥的解体会使得污水处理厂处理水质变得浑浊，污泥絮凝体微细化，处理效果严重变坏，所以区分污泥的这两种异常情况对及时有效的解决曝气池运行上的异常情况是十分必要的。

引起污泥解体的原因既可以是水厂运行中出现的问题，如：曝气严重过量，亦有可能是由于污水中混入了有毒物质所致。当污水中存在有毒物质时，微生物的活动就会受到抑制，污泥的生物活性就会急剧降低，污泥吸附能力的降低，絮凝体缩小，从而引起净化效果的下降。一般地，可以通过显微镜来观察判断其产生的原因，当发现是运行方面出了问题时，就应该及时的调整污水量、回流污泥量、空气量和排泥状态以及 SV、MLSS、DO 等多项指标；当发现是由于有毒物质引起时，应该考虑可能是由于新的工业废水混入的结果，如果是确有新的废水混入，应该责令其按照国家的排放标准事先加以局部处理。

3. 污泥的反硝化

污泥的反硝化和污泥的腐败一样，都可以引起污泥在沉淀池出现块状上浮现象。当曝气池内污泥龄过长，硝化过程进行的比较充分时，在沉淀池内由于缺氧或者是厌氧极易引起污泥的反硝化，放出的氮气附着在污泥上引起污泥密度的下降，从而导致其整块上浮。最近研究发现，要想解决这一问题，必须维持曝气池内的 DO 大于 0.5mg/L 以减小二沉池内缺氧厌氧情况的发生；

同时应该积极采取增加污泥的回流量或者是及时的排除剩余污泥，保证其在二沉池内的停留时间小于 2h，也可以采取降低混合液的污泥浓度和缩短污泥龄，增加溶解氧浓度等措施。

4. 污泥腐化

二沉池内的污泥由于停留时间过长加上其内的缺氧厌氧状况，很容易产生厌氧发酵，形成 H_2S、CH_4 等气体并产生恶臭，引起污泥块的上升。当然并不是所有的污泥都会上浮，绝大部分的污泥还是可以正常地回流的，只是少部分的沉积在二沉池死角的污泥由于长期滞留才腐化上浮。工程实际中，常有的预防措施有：

（1）安装不使污泥向二沉池外溢出的设备。

（2）及时消除二沉池内各个死角。

（3）加大池底的坡度或者改进池底的刮泥设备，不使污泥滞留于池底。

（4）防止由于曝气过度而引起的污泥搅拌过于激烈，生成的大量的小气泡附着于絮凝体上，也会产生污泥上浮的现象。

（5）泡沫问题及其处理对策。

曝气池内的泡沫不但会给生产操作产生一些困难，同时还会：

（1）由于泡沫的黏滞性，会将大量的活性污泥等固体物质卷入曝气池的漂浮泡沫层，阻碍空气进入混合液中，严重降低了曝气池的充氧效果。

（2）极大地影响了设备的巡检和检修，同时产生很大的环境卫生问题。

（3）由于回流污泥中含有泡沫会产生浮选的现象，损坏了污泥的正常功能，同时加大了回流污泥的比例及数量，加大了工程的运转费用和降低了处理能力。

常用的消除泡沫问题的措施有：

（1）投加杀菌剂或者是消泡剂。

虽然很简单但不能消除产生泡沫的根本原因。

（2）洒水。

洒水是一种最常用和最简单的方法，但是弊端和投加药剂一样，也不能消除产生泡沫的根本原因。

（3）降低污泥龄。

降低污泥龄可以有效地抑制丝状菌的生长，从而可以有效地抑制泡沫的产生。

（4）回流厌氧消化池上清液和向曝气反应池内投加填料和化学药剂。

10.2.6　活性污泥管理的指示性微生物

污泥中的生物相是指其内所含的微生物的种类、数量、优势度及其代谢活力等状况的情形。生物相在一定的程度上反映曝气系统的处理质量以及其运行状况，当环境因素如进水浓度和营养、pH 值、DO、温度等发生变化时，其在生物相上都有所反映。所以，可通过对污泥生物相的观察来及时发现异常现象和存在的问题，并以此来指导运行管理。下面所列的就是工程实际中最常见的活性污泥的指示性微生物，供大家参考。

（1）当污泥状况良好时会出现的生物有：钟虫属、锐利盾纤虫、盖成虫、聚缩虫、独缩虫属、各种微小后生动物及吸管虫类。一般情况下，当 1mL 混合液中其数量在 1000 个以上，含量达到个体总数的 80% 以上时，就可以认为是净化效率高的活性污泥了。

（2）当污泥状况坏时会出现的微生物有：波豆虫属、有尾波豆虫、侧滴虫属、屋滴虫属、豆形虫属、草虫属等生物是快速游泳性种类。当出现这些虫属时，絮凝体就会很小，在情况相当恶劣时，可观测到波豆虫属、屋滴虫属。当情况十分恶劣时，原生动物和后生动物完全不出现。

（3）当活性污泥由坏的状况向好的状况转变时会出现的指示性微生物有：漫游虫属、斜叶虫属、斜管虫属、管叶虫属、尖毛虫属、游仆虫属等慢速游泳性匍匐类生物，可以预计的是这些微生物菌种会在一个月的时间之内持续占优势种类。

（4）当活性污泥分散，解体时会出现的微生物有：简变虫属、辐射变形虫属等足类。如果这些微生物出现数万以上，将会导致出流水变浑浊。

（5）污泥膨胀时会出现的微生物有：球衣菌属、丝硫菌属、各种霉等丝状微生物。当 SVI 在 200 以上时，会发现存在像线一样的丝状微生物。此外，在膨胀的污泥中，存在的微型动物比正常的污泥中的少得多。

（6）溶解氧不足时会出现的微生物有：贝氏硫丝菌属、新态虫属等喜欢在溶解氧低时存在的菌属，此时的活性污泥呈现黑色并发生腐败。

（7）曝气过剩时出现的微生物有：各种变形虫属和轮虫属。

（8）当存在有毒物质流入时会出现的现象有：原生动物的变化以及活性污泥中敏感程度最高的盾纤虫的数目会急剧减少，当其过分死亡时，则表明活性污泥已经被破坏，必须进行及时的恢复。

（9）BOD 负荷低时会出现的微生物有：表壳虫属、鲜壳虫属、轮虫属、寡毛类生物。当这样的生物出现的过多时会成为硝化的指标。

10.2.7 曝气生物滤池的运行与管理

曝气生物滤池是生物膜处理工艺，是污水处理厂生化处理的核心。它的运行管理可以分为下列几个步骤进行。

1. 挂膜阶段

城市污水处理厂的挂膜一般采取的是直接挂膜方法。在适宜的环境条件和水质条件下该过程分两步进行：第一阶段是在滤池中连续鼓入空气的情况下，每隔半小时泵入半小时的污水，空塔水流速控制在 1.5m/h 以内；第二阶段同样是在滤池中连续鼓入空气的情况下，连续泵入污水，并使流速达到设计水流速。一般地，第一阶段需要 10～15d，第二阶段需要 8～10d 时间。在有需要的情况下，也可以采用分步挂膜的方法。

2. 运行与控制

包括布水与布气，滤料，对生物相的观察以及镜检等内容。下面分别述之：

(1) 布水与布气。

为了保证处理效果的稳定以及生物膜的均匀生长，必须对生物滤池实行均匀的布水与布气。对于布水，为了防止布水滤头及水管的堵塞，必须提高预处理设施对油脂和悬浮物的去除率，保证通过滤头有足够的水力负荷；对于布气，由于布气采用的是不易堵塞的单孔膜空气扩散器，所以一般情况下不会发生被堵塞的情况。当然为了使得布气更加均匀，可以采取调节空气阀门，也可以用曝气器冲洗系统对其进行冲洗，使布气更加均匀。

(2) 滤料。

被装入滤池的滤料在装入之前必须进行分选，清洗等预处理措施，以提高滤料颗粒的均匀性，并去除尘土等杂物。

滤料的观察与维护，在滤池的工作过程中必须定期地观察生物膜生长和脱落情况，观察其是否受到损害。当发现生物膜生长不均匀，表现在微生物膜的颜色、微生物膜脱落的不均匀性上，必须及时的调整布水布气的均匀性，并调整曝气强度来更正，此外，可能由于有时后反冲洗的强度很大导致有部分滤料的损失，所以每一年定期检修时需要视情况酌情添加。

(3) 滤料生物相的观察。

对于一般的城市污水处理厂而言，生物膜外观粗糙，具有黏性，颜色是泥土褐色，厚度大约为 $300\sim400\mu m$。滤料上的生物膜的生物相特征与其他工艺中的会有所不同，这主要表现在微生物的种类和分布方面。具体说来，由于水质的逐渐变化以及微生物生长条件的改善，生物膜处理系统中所存在的微生物的种类和数量均较活性污泥处理系统中要高。尤其是丝状菌、原生动物、后生动物的种类会有所增加，厌氧菌和兼性菌占有一定的比例。生物相在分布方面的特征可以概述为：沿着生物膜的厚度和进水的方向呈现不同的微生物的种类和数量；而随着水质的变化会引起生物膜中微生物种类和数量的变化，当进水浓度增高时，会发现原来的特征性层次的生物下移的现象，换句话说就是原来的前级或者是上层的生物可以在后级或者是下层出现。所以我们可以通过对这一现象的观察来推断污水有机物浓度和污泥负荷的变化情况。

（4）生物相的观察。

在污水的生化处理系统中，由于微生物是处理污水的主体，微生物的生长，繁殖和代谢活动以及它们之间的演变，会直接地反映处理状况。因此，可以通过显微镜来观察微生物的状态来监视污水处理的运行状况，以便使存在的问题和异常情况早发现早解决，提高处理效果。具体的镜检观察的操作步骤可以参见相关的书籍。

3. 曝气池运行中应该注意的问题

（1）溶解氧。

由于常规的生物滤池一般采用的是自动曝气的方法，所以在一般的情况下，只要保持适当的通风不会存在溶解氧不足的问题，当然有时候为了达到同步的硝化反硝化的目的，可以人为地将 DO 控制在适宜的范围之内，现在有的时候采用曝气生物滤池，其曝气的效果会更好。

（2）滤料的更换与更新。

在滤池的工作过程中，由于水流冲刷和反冲洗的缘故导致滤料的磨损和流失十分的严重，所以一般在每一年的滤池的大修之时要视情况和处理水的水质情况加以添加。

（3）滤池的反冲洗。

反冲洗是维持曝气生物滤池强大功能的关键，在较短的反冲洗的时间之内，使填料得到适当的冲洗，恢复滤料上微生物膜的活性，并将滤料截留的悬浮物和老化脱落的厚生物膜通过反冲洗而排出池外。反冲洗的冲洗效果对滤池的出水水质、工作周期（过滤周期）的长短以及运行状况的优劣影响很大。

反冲洗的具体过程可以按下列程序操作：先单独用空气冲洗，然后再采用气水联合冲洗停止清洗 30s，最后用水清洗。一般地，都要在进水管、出水管、曝气管、反冲洗水管和空气管道上安装自动控制阀门，从而可以通过计算机对整个冲洗过程进行自动程控。

曝气生物滤池的反冲洗周期必须根据出水水质、滤料层的水头损失、出水的浊度综合确定，并可以由计算机系统自动程控。在实际的工程运行中一般可以按照下列的原则进行：对于城市污水处理厂，运行 24～48h 冲洗一次，对于多格滤池并联运行的情况，反冲洗过程是依次单元格进行，这样可以使整个污水处理系统可以不受反冲洗的耽搁而顺利工作，反冲洗水的强度可以采用 $5～6L/(m^2 \cdot s)$，反冲洗排水中的 TSS 浓度为 $500～650mg/L$，反冲洗的用气强度一般可以采用 $15～20L/(m^2 \cdot s)$。当然具体的情况还应该结合本厂的实际情况进行调整，上述只是常规的参照值。

10.2.8　生物滤池运行中出现的异常情况及其处理对策

1. 生物膜严重脱落

这是运行中所不允许的，会严重地影响污水处理的效果。一般认为，造成生物膜严重脱落的原因是进水水质的变异所引起的，如抑制性或者是有毒性的污染物的浓度过高，亦或者是污水的 pH 值的突变。其解决措施就是改善进水水质，并使其基本稳定。

2. 生物滤池处理效率降低

如果是滤池系统运转正常且生物膜的长势良好，仅仅是处理效率有所降低，这有可能是由进水的 pH 值、溶解氧、水温、短时间超负荷运行所致，对于这种现象，只要是处理效率的下降不影响出水的达标排放就可以不采取措施，让其自由恢复。当然如果是下降的十分明显，造成出水不能达标排放。则必须采取一些局部的措施如调整进水的 pH 值，调整供气量，对反应器进行保温等来进行调整。

3. 滤池截污能力的下降

滤池的运行过程中当反冲洗正常时出现这种情况则表明可能是进水预处理效果不佳，使得 SS 浓度较高所引起的，所以此时应该加强对预处理设施的管理。

4. 运行过程中的异常气味

如果进水的有机物浓度过高或者是滤料层中截留的微生物膜过多的话，其内就会产生厌氧代谢并产生异味。解决的措施为：使生物膜正常脱膜并使其由反冲洗水排出池外，减小滤池中有机物的积累；同时确保曝气设备的高效率的运行；避免高浓度或者是高负荷水的冲击。

5. 针对进水水质异常的管理对策

一般说来，城市污水处理厂的进水水质不会发生很明显的异常，但是在一些特定的条件下，污水水质会发生很大的异常，严重影响污水处理系统的运行。

（1）进水浓度明显偏低。

主要出现于暴雨天气，此时应该减少曝气力度和曝气时间，防止出现曝气过量的情况发生，或者是雨水污水直接通过超越管外排。

（2）进水浓度明显偏高。

一般来说，这种情况出现的几率不是很大，但是如果的确出现了，则应该要增大曝气时间和曝气力度，以满足微生物对氧的需求，实行充足供氧。

6. 针对出水水质异常的管理对策

当污水处理厂的出水出现水质恶化时，此时必须及时地采取有效的处理措施来应对。

（1）出水水质发黑、发臭。

其产生的原因可能是污水中的 DO 不足，造成污泥的厌氧分解，产生了硫化氢等恶臭气体，也有可能就是局部布水系统堵塞而引起的局部缺氧。针对前者其解决办法是加大曝气量，提高污水中的 DO，而对于后者采取的措施就是检修和加大反冲洗强度。

（2）出水呈现微弱的黄色。

当出现这种情况时，可能就是由于生物滤池进水槽化学除磷的加药量太大，同时还有就是铁盐超标，其解决的方法就是减小投药量即可。

（3）出水带泥、水质浑浊。

出现这种情况极有可能就是生物膜太厚，反冲洗强度过大或者是冲洗次数过频所致。所以在实际操作中应该保证生物膜的厚度不要超过 $300\sim400\mu m$，否则应该及时地进行冲洗；同时，反冲洗强度过大或者是冲洗次数过频会使得生物膜的流失，从而处理能力下降，所以应该控制水解酸化池的出水 SS，减小反冲洗的次数，并且调整冲洗强度。

10.2.9　加药间和污泥脱水间的运行与管理

加药间和污泥脱水间都是污水处理厂的重要组成部分，所以一般应设专人维护与管理，确保其始终处于良好的运行状态。

1. 加药间

一般有两个作用，其一就是用来给污泥脱水。在操作时应该注意：没有经过硝化的污泥的脱水性能比较差，所以在正式处理之前测定污泥的比阻值，以此来确定最佳的用药量；对于有异常情况的污泥应该先进行调质然后才进行脱水。其二就是用来化学除磷。在操作时应该注意：必须根据每天的水质化验结果及时地调整用药量，以便使出水水质不出现异常情况，实现达标排放；所使用的化学药剂具有一定的腐蚀性，所以应该积极地维护设备的安全保养，发现有外漏的情况应该及时抢修。

此外，在加药间工作的人员应该经过必要的培训，以便可以正确地使用加药设备，同时要注意其内的环境卫生条件。

2. 污泥脱水间

污泥脱水间内应该要搞好环境的卫生管理，内部产生的恶臭气体不仅会影响工作人员的身体健康，还会腐蚀实验设备，所以在实际中要注意加强室内空气的流通；及时的清除厂区内的垃圾，及时外运泥饼，并且做到每天下班前冲洗设备、工具以及地面；还要定期的分析滤液的水质，判断污泥脱水的效果是否有下降。

10.2.10　水质分析室的运行管理

1. 水质分析实验室的管理与维护

要想使水质分析实验室安全科学的运行，应该严格做到以下事项：

（1）严格执行化验室的各种安全操作规程。

（2）严格遵守化验室的各种规章制度。

（3）认真维护和保养实验室的各种实验设备。

（4）严格执行药剂的行业配制标准。

2. 化验室主任以及化验人员的岗位责任制

（1）化验室主任要以身作则，带领全室人员严格遵守室内的各种规章制度，积极参加厂组织的各种活动，服从组织的安排，确保完成上级下达的任务和指针。

（2）管理好室内的日常事务，履行化验结果的相关签发责任，作好每月考核和年度考评工作，同时要做好相关资料的统计工作。

（3）严格遵守化验室的各种规章制度，坚持安全第一，落实安全措施，团结合作，积极进取，积极奋斗。

（4）化验人员要负责厂内的进出水、污泥和工艺要求的各项目的测试与分析。

（5）化验人员要精通分析原理、熟悉采样、分析操作规程，做好原始记录，仔细认真及时的完成所分配的任务。

（6）化验人员要承担对厂内排污单位的水质检测。

（7）化验人员在配制试剂时要按照规则使用红蓝卷标，并注明名称浓度，姓名和日期。

（8）做好仪器分析前后和过程中的卫生，并定期计量校验的仪器，定期对仪器的灵敏度进行标底，确保分析数据的准确性，做好台账。

（9）化验员要与工艺员、中控室、厂办等部门保持密切的联系，积极配合厂内的工作检查。

（10）化验人员要每天定时在规定的采样点取样，采样的时候要严格按照操作规程做，确保取得的水样不变质并且具有代表性，对所取得水样应该及时地进行分析，不要耽搁，以免影响化验结果的准确性，对各水样测得的数据，如果有异常的情况，应该及时地报告技术负责人，共同分析原因，采取必要的措施进行处理，保证水处理各道工序的正常运转。

（11）化验员对于化验结果所得出的数据要及时认真填写，实事求是，确保准确无误；化验结果要做到一式三份，一份交给项目经理，一份交总工，自留一份存档。

10.2.11　水质的分析与管理

在污水处理厂的运行过程中，对进出水水质进行严密的检控和精确的分析具有十分重要的意义。水质分析的结果是污水处理厂各项运行管理工作的出发点和依据，是污水处理厂运行的一个经济参数、效益参数和社会参数。

1. 水样的采集

水样的采集必须具有代表性，要全面充分的反映污水处理厂的客观运行状况，反映污水在时间和空间上的规律。

在采样的过程中，对采样点的选择和采样的时间频率都有十分严格的要求，在污水处理厂的出入口，主要设施的进出口和一些局部的特殊位置设置采样点；在污水处理厂的入口，污水处理厂的出口的采样频率一般为每班采样 2～4 次，并将每班各次的水样等量混合后再测试一次，每天报送一次化验结果；而对于主要设施的水样采集一般每周采样 2～4 次，应该分别测定，最后报送结果；当处理设施处于试运行阶段时，则应该每班都应该采样测定。在采样的过程中，如果遇到事故性排水等特殊情况时，则采样的方式应该和平时正常的方式有所区别。

2. 水样盛装容器的选用

为了避免水样的保存容器对水样测定成分的影响，所以保存容器必须按照规定的原则选取：测 pH 值、DO、油类、氯应该采用玻璃瓶；测重金属、硫化物、有毒物质应该采用塑料瓶盛装；而对于要测定 COD_{Cr}、BOD_5、酸碱等水样可以采用玻璃瓶或者是塑料瓶。

3. 水样的保存

水样分析理想的状况是对所取的水样立即进行保存，否则，随着时间的耽搁会影响水样分析结果的准确性。为了使被测水样在运输过程中不会发生水质变异，应该加以固定剂进行保存。在水质保存的过程中，对固定剂的选择原则就是保证固定剂的投加不能使以后的测定操作带来很大的困难，具体的选用原则可以参考相关的书籍，一般被测定的水样样品可在 4℃ 下保存 6h 之久。

10.2.12 污泥出泥的管理

1. 正常情况下的污泥出泥的管理

正常情况下的污泥含水率大于 99%，而且脱水性能比较差，一般要投加絮凝剂和助凝剂才能够进行大规模脱水，污水处理厂的污泥投加药剂一般为聚丙烯酰胺和聚合氯化铝，脱水后的滤液回流至集水井再次处理；泥饼装车运到垃圾场填埋，运输过程中不得有泥饼脱落的情况，否则会造成二次污染，影响十分恶劣。

2. 出现异常情况的污泥管理

出现异常情况的原因很多，一般有污泥量减少、污泥上浮、污泥厌氧等，所以管理应该从以下几个步骤进行：首先查明出现异常问题的原因，然后对症下药解决污泥的异常情况；如果是水解酸化池污泥浓度的降低，那么就应该减少污泥的排放量，而剩余的污泥则按照正常的程序处置；当水解酸化池出现污泥上翻或者是污泥厌氧产气时，应该加大水解酸化池的排泥量。对于污泥出泥的管理是一个十分重要的环节，所以在实际的运行中要密切的关注污泥出泥的变化，减少恶劣情况的发生。

参考文献

［1］　冯生华．城市中小型污水处理厂的建设与管理．北京：化学工业出版社，2001.

［2］　王洪臣．城市污水处理厂运行控制与维护管理．北京：科学出版社，2002.

［3］　王超，王沛芳．城市水生态系统建设与管理．北京：科学出版社，2004.

［4］　郑俊，吴浩汀．曝气生物滤池工艺的理论与工程应用．北京：化学工业出版社，2005.

［5］　卜秋平，陆少鸣，曾科．城市污水处理厂的建设与管理．北京：化学工业出版社，2002.

第11章 城市污水处理优化组合工艺及工程设计典型实例

11.1 污水处理的工艺组合流程系统概述

一般废水或污水的组分复杂多变，只用某一种单元操作往往达不到预期的净化指标。因此，在实际水处理中，常采用几种方法组合。多种废水处理方法组合就构成废水处理工艺系统或工艺流程。如在预处理阶段以筛分法除去大颗粒固体物质，必要时还需做 pH 值调节和油水分离等操作。此后的一级处理意在除去悬浮物，二级处理主要对象是可生化有机物，此后若水中还有残存悬浊物或溶解杂质等可应用各种深度处理方法。典型的城市废水处理工艺系统如图 11.1 所示。

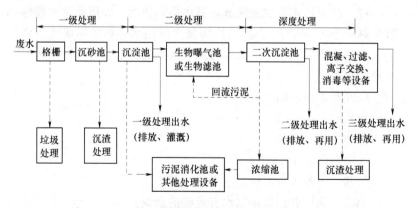

图 11.1 城市污水典型处理流程

在考虑用何种方法处理废水的同时，必须考虑技术经济指标，按经济规律办事，着眼于综合利用，讲究经济效益、治理效果和核算成本等，做到因地制宜。否则，花费大量投资而达不到治理目的，或治理工程建成后因不合理而半途而废，造成浪费。

11.2　污水处理工艺系统及工程优化设计

处理工艺选择的目的是根据污水量、污水水质和环境容量，在考虑经济条件和管理水平的前提下，选用安全可靠、技术先进、节能、运行费用低、投资省、占地少、操作管理方便的成熟工艺。

工艺流程优化设计，一般需要考虑下列因素。

1. 污水应达到的处理程度

这是选择处理工艺的主要依据，污水处理程度主要取决于处理后水的出路和动向。

（1）处理后出水排放水体，是其最常采用的动向。

处理后的出水排放水体时，污水处理程度一般以城市污水二级处理工艺技术所能达到处理程度，即 BOD_5、SS 均为 30mg/L 来确定工艺流程。

（2）主要回用于农业灌溉，其水质应达到《农田灌溉水质标准》（GB 5084—92）。其次是作为城市杂用水，如喷洒绿地、公园、冲洗街道和厕所，以及作为城市景观的补给水等。回用水的水质指标为：

COD＜30mg/L；

BOD＜15mg/L；

pH 值 5.8～8.6；

大肠菌群小于 10 个/mL；

气味：不使人有不快的感受；

消毒杀菌：并应保证出水有足够的余氯。

2. 建设及运行费用

考虑建设和运行费用时，应以处理水达到水质标准为前提条件。在此前提下，工程建设及运行费用低的工艺流程应得到重视。此外，减少占地面积也是降低建设费用的重要措施。

3. 工程施工难易程度

工程施工的难易程度是选择工艺流程的影响因素之一。如地下水位高，地质条件差的地方，就不适宜选用深度大、施工难度高的处理构筑物。另外，也应考虑所确定处理工艺应运行简单，操作方便。

4. 当地的自然和社会条件

当地的地形、气候等自然条件也对废水处理流程的选择具有一定影响。如当地气候寒冷，则应采用在采取适当的技术措施后，在低温季节也能够正常运行，并选择保证取得达标水质的工艺。

5. 污水量和水质变化情况

污水量的大小也是选择工艺需要考虑的因素，水质、水量变化较大的污水，应考虑设置调节池或事故贮水池，或选用承受冲击负荷较强的处理工艺，或选用间歇处理工艺。

总之，污水处理工艺流程的选择是一项比较复杂的系统工程，必须对上述各因素加以综合考虑，进行多种方案的经济技术比较，还应进行深入的调研及试验研究工作，才可能选择技术先进可行、经济合理的理想工艺流程。

11.3　污水处理工程设计典型实例

11.3.1　邯郸市东污水处理厂（T形氧化沟法）

1. 工艺流程及平面布置

邯郸市东污水处理厂是我国首次采用三沟式氧化沟技术处理城市污水的一个范例。该厂占地面积 $5000m^2$，工艺流程图如图 11.2 所示。

该厂的工艺流程并不复杂，由 3 部分组成：第一部分是由格栅及曝气沉砂池组成的物理系统，以除去大的悬浮物；第二部分是以三沟式氧化沟为处理构筑物的生物处理，三沟式氧化沟中间

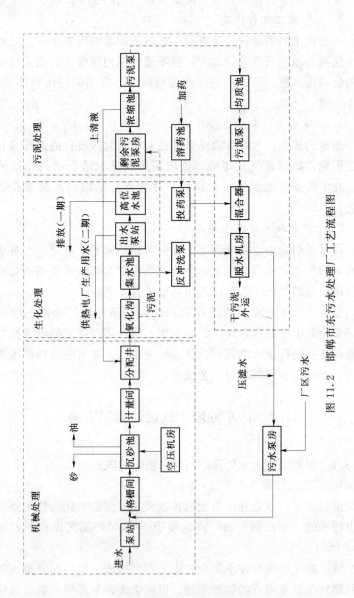

图 11.2　邯郸市东污水处理厂工艺流程图

的一个充当曝气池,连续曝气,而两侧的氧化沟则交替作为曝气池和二沉池,这一交替过程是通过改变曝气转刷的转速来实现的;第三部分为污泥处理系统,污泥由泵抽送到浓缩池,然后经均质池送往带式压滤机,脱水后外运。

该工艺流程有一特点,它无需单独另设初沉池、二沉池、污泥回流装置和污泥消化池。

该厂三沟式氧化沟目前有两组,远期准备再增加一组。每组平面尺寸98m×73m,水深3.5m,每座氧化沟各有一个进水点,共安装有直径1m、长9m的曝气转刷28台,其中12台是可变速的,低速运行时不起充氧功能,只是维持污泥的悬浮状态并推动混合液前进。为控制出水和转刷的淹没深度,在两侧沟的另一端共设有5m长的可调式溢流堰32座。

该厂的维护管理手段较先进,各处理构筑物的运行状况均能在中心控制室的模拟盘上显示出来。并能通过预先设定的硝化和反硝化运行程序和溶解氧浓度,自动控制转刷的运行,取得脱氮的效果。该厂的各项处理指标均达到设计要求(出水水质BOD_5为15mg/L,SS为20.0mg/L,$NH_3—N$为$2\sim3$mg/L,TN为$6\sim12$mg/L)。

2. 主要设备及构筑物

(1) 泵站。

安装国产12PWL—12离心泵5台,单台功率55kW,预留3个泵位。

(2) 格栅间。

安装丹麦产LK—501型液压自动清除弧形格栅3台,能满足处理厂最终规模要求。单台设计过水能力1825m³/h,功率0.37kW,格栅间隙21mm。另设事故格栅1台。

(3) 曝气沉砂池。

按处理污水量10万 m³/d修建,池长22m,分2格,每格有效容积245m³,水力停留时间11min。

（4）计量室。

计量室装有 2 台直径 500mm，德国产电磁流量计，单台流量计测量范围 $300\sim2000m^3/h$。计量室还预留 1 台流量计位置，二期扩建使用。

（5）分配井。

形状为三角形，每一个都装有 3 台丹麦产的 5m 长可调节高低的溢流堰，分别向 3 条氧化沟配水。溢流堰两侧止水部分配有可根据气温自动开启的加热装置，防止冬季冰冻。

（6）氧化沟。

采用两组三沟式氧化沟。每组平面尺寸 98m×73m×3.5m，由 3 条同体积的沟槽串联组成，两组氧化沟总容积 3.99 万 m^3，共装直径 1m、长 9m 的水平转刷曝气器 28 个，其中 12 个可调速。三沟中均安有溶解氧自动检测仪，6 个进水点分别设在氧化沟进水端的每条沟底部。在两侧沟的另一端设有 5m 长的可调式溢流堰 32 个，以控制出水和转刷的淹没深度。

（7）出水泵站。

安装 4 台国产 20ZLB—70 轴流泵，每台泵水量 $1720m^3/h$，可满足第二期工程的要求。

（8）剩余污泥泵房。

氧化沟中剩余污泥自中间沟以剩余污泥提升至浓缩池。泵房内设有 4 台瑞典产污泥泵，其中 2 台备用。

（9）污泥浓缩池。

直径 16m，容积 $600m^3$，面积 $200m^2$，池内设丹麦产栅式连续刮泥机。经浓缩后，污泥浓度由 $4kg/m^3$ 浓缩至 $40kg/m^3$。

（10）污泥均质池。

浓缩后的污泥经污泥泵到设有搅拌器的均质池，以获得均匀的污泥浓度，确保污泥脱水正常进行。

（11）污泥脱水间。

由均质池来的污泥经 2 台螺杆泵，并加入事先调配好的聚丙烯酰胺絮凝剂，经混合后进入带式压滤机。

11.3.2　天津市东郊污水处理厂（A/O 法）

1. 概况

东郊污水处理厂设计处理能力 40 万 m^3/d，采用活性污泥法，全厂主要设备和仪表利用法国贷款，从法国得利满公司引进，污水处理厂的处理构筑物在中方提出的初步设计基础上由中法合作完成技术设计，施工图设计全部由中方完成。全厂占地 $29.5hm^2$，工程总造价（含国外设备）20159 万元。建成投入运行后出水水质达到要求。

东郊污水处理厂的设计是在总结国内已建成污水处理厂的经验和消化吸收国外发达国家 20 世纪先进技术基础上进行的，对各个处理构筑物作了不同程度的改进，具有占地少、投资省、节约能耗的特点。

2. 工艺流程

东郊污水处理厂采用传统活性污泥法，少量污水进行缺氧脱氮处理，污泥采用中温二级消化和机械脱水，沼气用于烧锅炉和发电。工艺流程见图 11.3。

该厂污水处理系统分 4 个系统，4 个圆形初沉池排成一行，4 个曝气池组成田字形，8 座二沉池设在厂区南侧，临近北塘排水河，使处理出水可就近排入河道。污泥处理区设在厂的西北角，5 个消化池组成梅花形，污泥处理的控制室设在 5 个消化池的中央。北侧设有两个沼气储罐、污泥脱水机房和沼气发电机房等。

3. 工艺设计的主要特点

（1）把节省能耗，降低运行费用作为选择工艺流程和设备的主要原则。

为了节省能耗，初步设计阶段对采用何种曝气器进行过详细的调研，最后选定微孔曝气器，经天津市纪庄子污水处理厂曝气系统改造运行实践证明，微孔曝气器电耗比穿孔管降低一半，仅此一项就可省电 20% 以上。

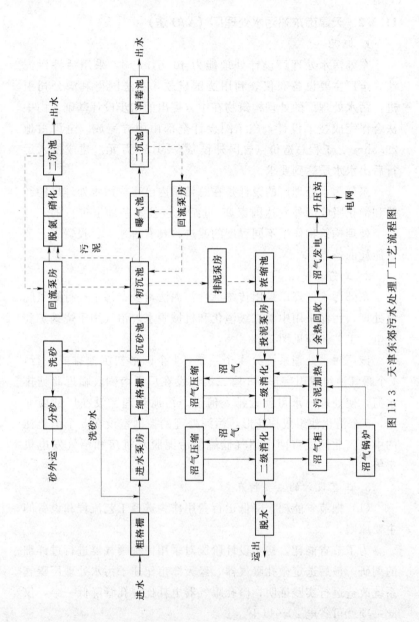

图 11.3 天津东郊污水处理厂工艺流程图

另一个节能的重要措施就是对曝气池供氧系统采用自动调节，根据曝气池中的溶解氧浓度由现场 PLC 自动调节供气量，可节省 10%。

将沼气用于发电回收大量电能，东郊污水处理厂预计年产沼气 500 万～1000 万 m^3，除回收热量满足消化池污泥加热外，每年可发电 600 万 kW·h 以上，占全厂用电量 18%。

（2）十分重视污水的预处理。

国内污水处理厂在运行中出现的问题大量发生在预处理工序，为此东郊污水处理厂给以充分重视。首先，设置了粗细两道格栅，并在沉砂池和初沉池中装有除浮渣设备，将进入曝气池的浮渣减少到最低限度。其次，对沉砂池进行了精心设计，池型为曝气沉砂池，排砂采用空气提升，砂水经过清洗再进行分离，全部操作均由计算机进行控制，确保沉砂池高度可靠运行。

（3）采用前置缺氧脱氮新工艺。

生物脱氮曝气池停留时间比普通曝气池延长一倍，缺氧脱氮区在曝气池前端，占全池容积 3/16，停留时间约 90min，用水下搅拌器搅拌，曝气硝化区的曝气器呈渐减布置，控制出水处溶解氧 2mg/L，考虑到冬季水温低时可能满足不了充分硝化的要求，在脱氮区后 1/3 段安装了 V 形曝气器，必要时可投入使用，为了积累运行数据，设计考虑到对整个硝化反硝化过程进行自动监测和取样监测。

（4）二沉池进行了重大改进，以期提高出水水质。

对纪庄子污水处理厂二沉池水面各点的水质进行了取样测定，从实测结果可以看出，出水最佳水质在距池边 2～4m 处。因此，决定在距池边 4.5m 处增设出水槽，降低堰口负荷，以期改进出水水质。

（5）将剩余活性污泥送回初沉池共同沉淀，提高污泥浓缩效率。

剩余活性污泥浓度低，有机物含量高，浓缩困难，采用重力浓缩效果不好，采用气浮浓缩、离心浓缩则设备复杂，费用高，不适合我国国情。欧洲一些国家推行将剩余活性污泥送回初沉池与初沉污泥共同沉淀的工艺，取得了较理想的效果，纪庄子污水处理厂对此进行了试验研究，将二系列两个初沉池作为试验池，与一系列平行对比，表明这种工艺的初沉池出水水质 BOD 好于传统工艺，COD、SS 去除率相同，混合污泥浓缩效果好。

（6）消化池采用国际 20 世纪先进技术，可确保可靠高效运转。

1）5 个消化池呈五角星形，相互以管廊连通。一级、二级容积比 4∶1，二级消化池只起调节泥量、降低泥温和收集沼气的作用。

2）投泥过程全部自动控制，生污泥直接进入消化池，进泥的同时等量的消化污泥自行溢流至二级消化池，进泥井排泥井都在消化池外，可以直接观察污泥性状。

3）消化池用沼气搅拌，沼气压缩机设在控制室顶层。根据试验，在任何点投入示踪剂，经 20min 搅拌，即可全池分布均匀。

4）污泥加热用套管式加热器，水温由 PLC 控制，由于污泥加热前后温差小，使热交换器的工况大为改善。

5）每个消化池都设有减压阀和真空破坏阀、灭火装置及避雷针，池顶设有观察窗，池侧壁设有检修孔便于运行管理。

（7）精心设计污泥管路，确保运行安全可靠。

1）凡浓度大于 1％ 的污泥，原则上用泵强制输送，泵的位置紧靠排泥点，一律用自灌式，确保吸泥管路畅通。

2）泥泵采用螺杆泵代替离心泵，闸门用气动橡胶阀代替一般的闸阀，可以最大限度地防止堵塞。

3）污泥管道上设置通阀接入高压水，一旦堵塞可用水反冲。

4）泥路上安装电磁流量计和污泥浓度计，由计算机监视泥路的工况。

（8）将出水进一步处理后回用本厂，为污水回用探索道路。本厂生产用水主要是污泥脱水机冲洗水、药液二次稀释水、各种泵的润滑水、冲洗车辆用水、池子和泥管冲洗水等，回用水按每天用量 4000t 计算，每年可节省水费 20 多万元。

（9）实现生产自动化，把管理水平提到新的高度。

本厂采用集中监视，分散控制的自控系统，中央控制室内安装计算机和大型模拟盘，监视全厂生产。厂内还设置了独立的闭路电视系统，在主要设备旁和厂区制高点安装了 10 台摄像机，从中控室可以直接观察设备的运行情况。

4. 主要构筑物设计

（1）进水格栅。

设 6 台垂直格栅，每台宽 2m，栅条净距 25mm。

（2）进水泵房。

设 6 台 HLWB—10 型立式涡轮混流泵，5 用 1 备。泵房设有 6 个控制水位，控制 5 台泵的运行。为避免个别泵负荷偏重反复启动，消耗将依次循环投入。当一台泵因故障停止工作时，另一台泵将自动投入。

（3）曲面格栅。

8 台曲面格栅设在沉砂池的端部，每台格栅宽度 1.2m，栅条净距 10mm，栅条曲率半径 2.0m。

（4）沉砂池。

曝气沉砂池设有 6 条廊道，每条长 30m，宽 4m，深 4.3m，停留时间约 6min。池内设有振动空气（VIBRAIR）曝气器 648 个，供气量为 5184m³/h。全池设两座吸砂工作桥，每座桥上由 3 个空气提升装置负责 3 条廊道的吸砂工作。

（5）初沉池。

初沉池的设计，进行了矩形和圆形两种方案，在运行管理、占地和混凝土用量等方面进行比较，由于圆形辐流式沉淀池有设备可靠、管理简便的显著优点，最后采用了 4 座配以周边驱动全桥式刮泥机的辐流式沉淀池。其直径达 60m，水深 4.5m，沉淀时间 2.26h。

（6）初沉污泥泵房。

为防止排泥系统出现堵塞现象，在两座初沉池间设一座污泥泵房。内安装 GF 单螺杆泵 4 台，两座泵房共装 8 台污泥泵。

（7）曝气池。

全厂设 4 座曝气池，总容积为 90522m³，每池长 68m、宽64m、水深 5.2m，设 8 条廊道，每条宽 8m。3 座曝气池按传统曝气工艺设计，一座曝气池按前置缺氧脱氮工艺设计。

（8）回流污泥泵房。

4 座曝气池各配有一座回流污泥泵房，每座泵房安装 4 台直径 1400mm 螺旋泵。

（9）鼓风机房。

鼓风机房内设有一座四台单级高速离心风机，此种风机的进风口设有可调导叶片，用以调风量。

（10）二沉池。

设有 8 座直径 55m 的辐流式沉淀池，水深 4.5m，沉淀时间3.8h，表面负荷 1.05m³/(m² · h)。

为了改进出水水质，降低出水槽堰口负荷，在离池边 4.5m处增设出水槽，支承水槽的立柱用来兼作出水管，将水引出池外。池内所装刮吸泥机上有 22 根直径 200mm 吸泥管，用以排出活性污泥。吸泥机运行一周需 72min，周边速度为 2.41m/min。每池都设有污泥层界面传感器，可将检测信号输入计算机。出水设有计量装置。

11.3.3 上海宝钢一、二期生活污水处理及回用工程（SBR 法）

1. 工程概况

上海宝钢一、二期工程完成后，生活污水排放量约为 10500m³/d。为减少排污量，节省宝钢的工业及生活用水新鲜资源，宝钢（集团）公司决定对宝钢一、二期厂区生活污水进行处理，用作厂区约 470 万 m² 绿地的浇洒用水。

宝钢一、二期厂区污水主要来自食堂、卫生间、浴室等，经十多座泵站提升后汇入厂区总排水干管外排，根据污水水量分布及绿地分布情况，采用就地处理就地回用的方法，在提升泵站附近分散建设 14 座处理站，其中建设处理规模为 $800m^3/d$ 的处理站 12 座，处理规模为 $500m^3/d$ 的 2 座。设计进出水水质见表 11.1。

表 11.1　　　　　　　　设 计 进 出 水 水 质

项目	进水	出水	项目	进水	出水
pH 值	6～8.5	6.5～9.0	阴离子合成洗涤剂（mg/L）	10	1
SS(mg/L)	150	10	余氯（mg/L）		0.2
BOD_5(mg/L)	400	40	总大肠菌群数（个/L）		3
COD(mg/L)	400	40			

2. 工艺流程

针对宝钢一、二期工程厂区生活污水有机物含量高，处理出水水质指标要求较严格，并且出水作为杂用水，因此采用SBR—过滤—生物炭—消毒处理工艺。处理工艺见图 11.4。

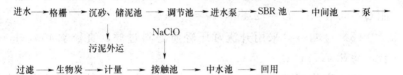

图 11.4　污水处理工艺流程图

每座污水站全自动运行，14 座的污水站的运行由集中监控系统集中监控。

3. 主要工艺参数

设计日处理量 $800m^3/d$，平均小时流量 $34m^3/d$，设计最大小时流量 $72m^3/h$（$K_h=2.12$）。

（1）格栅：选用固定式格栅过滤机 1 台，型号 GL—90，最大处理水量 $72m^3/h$。

（2）沉砂、储泥池：$V=22m^3$（清洗周期 3 个月）。

（3）调节池：$V=160m^3$，$HRT=4.7h$（考虑到 SBR 池有

一定的调节能力，容积取处理量的 20%）。

（4）进水泵：选用 80GW40—7 污水泵 3 台，性能为 $Q=40\mathrm{m^3/h}$，$H=7\mathrm{m}$，$N=2.2\mathrm{kW}$（根据 SBR 的运行周期进水量选定）。

（5）SBR：池处理能力 200kgBOD/d。设计出水水质 COD=60mg/L、BOD=20mg/L、MLSS=3g/L、负荷 0.1kgBOD/(kgMLSS·d)。有效容积 660m³，分 3 组，每组 220m³，尺寸为 7000mm×7000mm×4500mm（有效水深）。

运行时间：进水、排水、排泥 110min，曝气 120min，沉淀 40min，每周期 4.5h。

曝气时间：选用散流曝气器，氧利用率 10%，每周期处理水量 60m³，去除 BOD 按 12kg 计算，空气量为 5.2m³/min；每组选用 SSR125 风机 1 台，性能 $Q=5.55\mathrm{m^3/min}$，$H=5\mathrm{m}$，$N=7.5\mathrm{kW}$，共 3 台。

（6）中间池：$V=34\mathrm{m^3}$。

（7）过滤加压泵：选用 ISG80—100 泵 2 台，1 用 1 备，性能 $Q=50\mathrm{m^3/h}$，$H=12.5\mathrm{m}$，$N=3.0\mathrm{kW}$。

（8）过滤罐：采用升流常压轻质滤料过滤，直径 $\phi2400$，1 台，滤速 7.5m/h。

（9）生物炭池：$\phi3000\mathrm{mm}$，1 台，滤速 4.8m/h，活性炭碘值大于 900，净水炭 $\phi1.5\mathrm{mm}$，$h=3\mathrm{mm}$ 的柱状炭，气水比1：4。

（10）反洗：反洗强度 10L/(m²·s)，选用 IS150—125—160 泵 2 台，1 用 1 备；$Q=250\mathrm{m^3/h}$，$H=7.2\mathrm{m}$，$N=7.5\mathrm{kW}$。

（11）投药：采用市售 NaClO 作消毒剂，有效氯 10%，按系统最大出水量计算，有效氯投量 8mg/L，则投加量为 6L/h。选用计量泵投加。

（12）接触池：接触时间为 1h。

（13）中水池：取处理量的 20%，$V=165\mathrm{m^3}$。

4. 处理出水监测结果

处理出水监测结果见表 11.2。

表 11.2　　　　　　废水处理监测数据统计结果

单位：mg/L（pH 值除外）

类别	pH 值	COD_{Cr}	BOD_5	油类	SS	LAS
进水	7.4	184.0	97.0	12.3	103.0	2.6
出水	7.9	24.3	5.0	3.0	6.0	0.12

11.3.4　昆明市第三污水处理厂设计（ICEAS 工艺）

1. 工程概况

（1）工程规模。

1）近期设计处理能力：旱季平均 15 万 m^3/d，旱季高峰 20 万 m^3/d，雨季高峰 30 万 m^3/d。

2）规划远期总处理能力 25 万 m^3/d（旱季平均），进水 BOD_5 由近期 100mg/L 提高到 180mg/L（分流制）。

（2）设计进、出水水质，见表 11.3。

表 11.3　　　　　　设　计　进、出　水　水　质

项 目		进水水质（mg/L）	月平均出水水质（mg/L）
BOD_5	平均值	180	≤15
	变化范围	135~225	
SS		250	≤15
TN		40	≤7
TP		5~6	≤1

2. 处理工艺

引进澳大利亚 BHPE 公司专利"采用间歇反应器体系的连续进水、周期排水、延时曝气好氧活性污泥工艺"，简称 ICEAS 工艺，属于 SBR 范畴。流程框图见图 11.5。

（1）进水池计量槽预处理部分。

设计最大流量 30 万 m^3/d。

1）进水渠，共 3 条，其中 2 条工作渠，各安装 1 台机械格栅，2 条工作渠之间为应急旁通渠，安装人工清洗固定格栅。

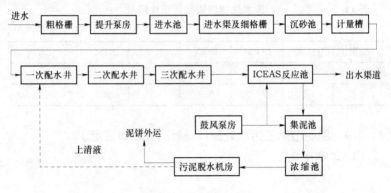

图 11.5　工艺流程图

2）钟式沉砂池，共 2 座，圆形，可去除直径大于 0.2mm 砂粒。沉砂定期用砂泵抽至平衡器（除浪涌，保护分砂器），再经分砂器或应急沉砂池（分砂器事故时使用）脱水后由砂输送机进入砂斗外运。

3）沉砂池前的渠道上有一喉部收缩段，可保证流量变化时沉砂池内的水位基本恒定。

4）计量槽，不锈钢制巴氏槽，以超声波液位计转换为瞬时及累加流量读数。

（2）配水。

要求进水均匀分配到各个并联运行的 ICEAS 反应池，采用倒虹吸井方式分 3 次配水，各配水井出水口均设堰板调节。

（3）ICEAS 反应池。

分为主反应区、滗水器、预反应区、大气泡扩散器、微孔曝气器、水下搅拌器、污泥泵。

污水连续不断地进入预反应区，在此水中大部分可溶性 BOD_5 被活性污泥微生物吸附（作为反硝化的碳源），然后从隔墙下孔洞以低流速（0.03～0.06m/min）进入主反应区，不会搅动污泥层。在主反应区内依照曝气—搅拌—沉淀—滗水程序周期运行，使污水在反复的好氧—缺氧和好氧—厌氧中完成脱氮、除磷。其中每周期内的曝气—搅拌需反复 3～4 次。

（4）周期内各程序有：

1）曝气：开进气阀，通过微孔曝气扩散器充氧，保持DO＝2～4mg/L，由 DO 监控系统控制风机进风量或 ICEAS 池进气调节阀保持最佳 DO 值。

2）闲置搅拌：关闭进气阀，开动水下搅拌器。

3）沉淀：全池静止沉淀（仍从底部连续进水）。

4）滗水：启动滗水器，由上而下逐层滗出已达标的上层清水，并开动潜污泵抽出剩余污泥。

（5）ICEAS 反应池技术参数（按近期 BOD$_5$＝100mg/L）如下：

1）ICEAS 池共 16 座（近期使用 14 座），每座 44m×32m×5m，设纵向隔墙以防水流短路，每池处理水量 9000～12000m^3/d。

2）污泥负荷：0.08kgBOD$_5$/（kgMLSS·d）。

3）MLSS：3000～4600mg/L。

4）水力停留时间（HRT）：0.57d（13.7h）。

5）周期：正常 4.8h（曝气共 2h，搅拌共 0.8h，沉淀 1h，滗水 1h），每日 5 周期，总曝气时间 10h。

（6）污泥处理。剩余污泥量 0.4～0.6kg 干泥/kgBOD$_5$（含挥发性物质 60%～65%），含固率 0.7%～0.85%稀泥从 ICEAS 池泵入贮泥池（HRT＝7d），在池中间歇曝气和间歇浓缩（交替进行）以防磷的析出，并使污泥浓缩至含固率 1.5%，然后泵至混合反应槽，加入高分子絮凝剂（干泥量的 3‰～4‰）反应后进入带式增稠机使含固率提高到 3%，接着进入带式压滤机脱水至含固率（20±2）%的泥饼外运（建议与城市垃圾一起卫生填埋）。

参考文献

［1］ 张统，方小军，张志仁.SBR 及其变法污水处理与回用技术.北京：

化学工业出版社，2003.

［2］顾夏声，李献文，竺建荣．水处理微生物学．3版．北京：中国建筑工业出版社，1998.

［3］张统，张志仁，王守中．污水处理工艺及工程方案设计．北京：中国建筑工业出版社，2000.

［4］武学军．西安市城市污水再生回用研究．2005.

［5］尚跃清，赵振天，周振中，等．邯郸市东污水处理厂污水回用工程介绍．给水排水，2002（4）：5-6.

［6］秦卫峰，李志广，唐锋兵．邯郸市东污水处理厂再生水回用工程设计与运行．2009，35（1）.

［7］周雹．天津东郊污水处理厂工艺设计的若干特点．中国给水排水，1993，9（2）：20-23.

［8］冯生华．天津东郊污水处理厂新技术开发与应用简介．天津科技，1998（2）：12.

［9］杨岳平．废水处理工程及实例分析．北京：化学工业出版社，2003.

［10］陈庆星，马玉麟．昆明市第三污水处理厂（ICEAS）工艺简介．排水工程，1994（8）：17-20.